职业教育"十三五"规划教材

效果图表现技法

——AutoCAD 2018 室内装潢设计基础教程

主　编　陈韶强　朱梦莹

副主编　崔宏欣　肖　丽

李　苑　王　媛

U0333559

西北工业大学出版社

西安

【内容简介】 本书以 AutoCAD 2018 中文版软件为平台，全面、详细讲解 AutoCAD 软件在室内装修施工图的绘制方法。本书共 8 章，包括室内设计基础知识，AutoCAD 2018 入门知识，AutoCAD 2018 常用的绘图命令，室内装潢设计常用的编辑命令，绘制图形，绘制常用家具平面图、立面图，家装实例训练（两居室）以及办公室室内设计及施工图绘制等内容。

本书可作为建筑设计、室内装潢设计等相关专业的教材供各类工程技术人员阅读，也可以作为各大专院校和培训机构的教材。

图书在版编目（CIP）数据

效果图表现技法：AutoCAD 2018 室内装潢设计基础
教程/ 陈韶强，朱梦莹主编 . —西安：西北工业大学
出版社，2018.10（2021.8重印）

ISBN 978 - 7 - 5612 - 6367 - 9

Ⅰ.①效… Ⅱ.①陈… ②朱… Ⅲ.①室内装饰设计
—计算机辅助设计—AutoCAD 软件—教材 Ⅳ.
①TU238.2 - 39

中国版本图书馆 CIP 数据核字（2018）第 270257 号

XIAOGUOTU BIAOXIANJIFA——AutoCAD 2018 SHINEI ZHUANGHUANG SHENGJI JICHU JIAOCHENG

效果图表现技法——AutoCAD 2018 室内装潢设计基础教程

策划编辑：孙显章

责任编辑：卢颖慧

出版发行：西北工业大学出版社

通信地址：西安市友谊西路 127 号   邮编：710072

电　话：(029) 88493844　88491757

网　址：www. nwpup. com

印 刷 者：西安真色彩设计印务有限公司

开　本：787 mm×1 092 mm   1/16

印　张：13

字　数：304 千字

版　次：2018 年 10 月第 1 版　　2021年8月第2次印刷

定　价：38.00 元

前　　言

在当今的计算机工程界，恐怕没有一款软件比 AutoCAD 更具有知名度和普适性了。它是美国 Autodesk 公司推出的集二维绘图、三维设计、参数化设计、协同设计及通用数据库管理和互联网通信功能为一体的计算机辅助绘图软件包。AutoCAD 自1982 年推出以来，从初期的 1.0 版本，经多次版本更新和性能完善，现已发展到 AutoCAD 2018。它不仅在机械、电子、建筑、室内装潢、家具、园林和市政工程等工程设计领域得到了广泛的应用，而且在地理、气象、航海等特殊图形的绘制，甚至乐谱、灯光和广告等领域也得到了广泛的应用，目前已成为计算机 CAD 系统中应用最为广泛的图形软件之一。

本书针对室内设计人员的市场需求，以 AutoCAD 2018 中文版软件为平台，全面、详细讲解用 AutoCAD 软件进行室内装修施工图的绘制方法，能使读者精确掌握所需要的技巧知识。该书共 8 章，包括室内设计基础知识，AutoCAD 2018 入门知识，AutoCAD 2018 常用的绘图命令，室内装潢设计常用的编辑命令，绘制图形，绘制常用家具平面图、立面图，家装实例训练（两居室）以及办公室室内设计及施工图绘制。具体就整本书而言，针对室内装潢设计的需要，利用 AutoCAD 大体知识脉络作为线索，以实例作为"抓手"，帮助读者掌握利用 AutoCAD 进行室内装潢设计的基本技能和技巧。

本书的特点如下所述：

1. 专业性强

本书作者有多年的计算机辅助室内设计领域工作经验和教学经验。本书是作者总结多年的设计经验以及教学的心得体会，历时多年精心编写，力求全面、细致地展现出 AutoCAD 2018 在室内设计应用领域的各种功能和使用方法。

2. 实例丰富

本书中引用的常用家具、两居室家装和办公室室内设计的案例，都经过了作者的精心提炼和改编，不仅保证了读者能够学好知识点，更重要的是能够帮助读者掌握实

际的操作技能，并通过实例演练，找到一条学习 AutoCAD 室内装潢设计的捷径。

3．涵盖面广

本书在有限的篇幅内，包罗了 AutoCAD 常用的功能以及常见的室内设计讲解，涵盖了室内设计基本理论、AutoCAD 绘图基础知识和室内装潢等知识。

4．突出技能提升

本书从全面提升室内设计与 AutoCAD 应用能力的角度出发，结合具体的案例来讲解如何利用 AutoCAD 2018 进行室内装潢设计，使读者在学习案例的过程中潜移默化地掌握 AutoCAD 2018 软件的操作技巧，同时培养读者的室内装潢设计实践能力，从而能独立完成各种室内装潢设计工作。

本书凝聚了众多专业设计师的经验和智慧，以"知识与技术并重"为特色，并结合具体实例进行详解，力求达到学以致用，极大改善室内设计效果。其内容丰富、实例典型、步骤详实，可作为建筑设计、室内装潢设计等相关专业的教材供各类工程技术人员阅读，也可以作为各大专院校和培训机构的教材。

本书由陈韶强和朱梦莹担任主编，崔宏欣、肖丽、李苑和王媛担任副主编。具体编写分工如下：第 3 章和第 4 章由陈韶强负责编写；第 1 章和第 5 章由朱梦莹负责编写；第 2 章由崔宏欣负责编写；第 7 章由肖丽负责编写；第 6 章由李苑负责编写；第 8 章由王媛负责编写。

由于水平有限，书中出现不足之处在所难免，敬请读者批评指正。

编　者

2018 年 6 月

目　　录

第1章
室内设计基础知识

内容简介：

  本章主要介绍室内设计及人体工程学的基础概念和理论。室内设计也称室内环境设计，它是建筑设计的重要组成部分，主要包括建筑平面设计和空间组织，围护结构内表面的处理，自然光和照明的运用以及室内家具、灯具、陈设的选型和布置。在掌握基本概念的基础上，才能理解和领会室内设计布置图中的内容和安排方法，更好地学习室内设计的知识。

  本章介绍室内设计和室内制图的基础知识，为本书后面章节内容的学习打下坚实的基础。

内容要点：

  室内设计的的概念

  室内设计的原则与方法

  室内设计的特点和原理

  室内设计制图要求、规范及内容

1.1　室内设计基础

现代室内设计是一门实用艺术，也是一门综合性科学。其与所包含的内容同传统意义上的室内装饰相比较，内容更加丰富、深入，相关的因素更为广泛。室内装潢是现代工作、生活空间环境中比较重要的部分，也是与建筑设计密不可分的组成部分。了解室内装潢的特点和要求，对学习使用 AutoCAD 进行设计是十分必要的。

1.1.1　室内设计的概念

1. 设计

设计（Design）有多种解释。据《辞海》解释，设计是指根据一定的目的要求，预先设定的草图、方案、计划等。事实上，设计是人为的思考过程，是以满足人的需求为最终目标，是在有明确目的引导下有意识的创造行为，是对人与人、人与物、物与物之间关系问题的求解，是生活方式的体现，是知识价值的体现。

2. 环境设计

环境设计（Environmental Design）又称"环境艺术设计"，是一门关乎人类行为心理和环境互动的新学科，突破了传统意义上的室内设计、建筑设计、园林设计和城市规划设计等之间的藩篱，从整体上更关注环境的可持续发展。与建筑设计相比，环境设计更注重建筑的室内外环境艺术气氛的营造；与城市规划设计相比，环境设计更注重规划细节的落实与完善；与园林设计相比，环境设计更注重局部与整体的关系。环境艺术设计是"艺术"与"技术"的有机结合体，如图 1-1 所示。

图 1-1　环境设计效果图

3. 建筑设计

建筑设计（Architectural Design）是指对建筑物的结构、空间及造型、功能等方面进行的设计，包括建筑工程设计和建筑艺术设计。它是按照建设任务，将施工过程和使用过程中所存在的或可能发生的问题，事先做好整体设想，拟定好解决这些问题的办法和方案，以图纸和文件的形式表达出来，作为备料、施工组织工作和各工种在制作、建造工作中互相配合协作的共同依据，并使建成的建筑物充分满足使用者和社会所期望的各种要求，如图 1-2 所示为中央电视台总部大楼的建筑设计效果图。

图 1-2　建筑设计效果图

4. 室内设计

室内设计（Interior Design）自身发展的历史并不太长，对其概念也有种种不同的解释。

1972 年美国世界图书出版公司出版的《世界百科全书》对室内装饰的解释是："一种使房间生动和舒适的艺术。当选择和安排妥善的时候，可以产生美观、实用和个别性的效果。"

1975 年美国 Soholastic 出版的《美国百科全书》中对室内装饰的解释是："室内装饰是实现在直接环境中创造美观舒适和实用等基本需要的创造性艺术。"

1988 年中国大百科全书出版社出版的《中国大百科全书——建筑·园林·城市规划卷》中，将"室内设计"解释为"建筑设计的组成部分，旨在创造合理、舒适、优美的室内环境，以满足使用和审美的要求"。室内设计的主要内容包括建筑平面设计和空间组织、围护结构内表面（墙面、地面、顶棚、门和窗等）的处理，自然光和照明的运用以及室内家具、灯具、陈设的选型和布置。此外，还有植物摆设和用具等的配置。

1915 年舒新城先生主编的《辞海》把室内设计定义为"对建筑内部空间进行功能、技术、艺术的综合设计。根据建筑物的使用性质（生产或生活）、所处环境和相应标准，运用技术手段和造型艺术、人体工程学等知识，创造舒适、优美的室内环境，以满足使用和审美要求"。

当代学者陈昂认为："室内设计是建筑设计的继续、深化和发展。室内设计所包含的主要内容有室内空间设计、室内建筑构件的装修设计、室内陈设品设计、室内照明和室内绿化这五大部分。"还有学者徐凡茹认为："室内设计是对建筑空间的二次设计，它还是建筑设计在微观层次的深化与延伸，是对建筑内部围合的空间的重构与再建，使之能适应特定功能的需要，符合使用者的目标要求，是对工程技术、工艺、建筑本质、生活方式、视觉艺术等方面进行整合的工程设计。"

归纳国内外各家论述和对室内设计的解释，可以把室内设计简要地理解为是对建筑内部空间进行的设计，是为了满足人类生活、工作的物质要求和精神要求，根据建筑物的使用性质、所处环境和相应标准，运用物质技术手段和美学原理，为提高生活质量而进行的有意识地营造理想化、舒适化的内部空间的设计活动。这样的内部空间环境，既具有使用价值，能够满足相应的功能要求，同时又能延续建筑的文脉和风格，满足环境气氛等精神方面的多种需要。

"室内设计"与大众认可的"室内装饰""室内装修"等概念有所区别，相对于"室内设计"而言，后两者均较为狭隘和片面，不能涵盖"室内设计"的总体概念。"室内装饰"是为了满足视觉艺术要求而对空间内部及围护体表面进行的一种附加的装点和修饰，以及对家具、灯具、陈设的选用配置等；"室内装修"则偏重于材料技术、构造做法、施工工艺以及照明、通风设备等方面的处理。而室内设计则是以人在室内的生理、行为和心理特点为前提，综合考虑室内环境的各种因素来组织空间，包括空间环境质量、空间艺术效果、材料结构和施工工艺等，并运用各种技术手段，结合人体工程学、行为科学、视觉艺术心理，从生态学角度对室内空间做综合性的功能布置及艺术处理。

目前，室内设计已逐渐成为完善整体建筑环境的一个重要组成部分，是建筑设计不可分割的重要内容。由于受建筑空间的制约，室内设计应综合考虑功能、形式、材料、设备、技术、造价等多种因素，既包括视觉环境，又包括心理环境、物理环境、技术构造和文化内涵的营造。室内设计是物质与精神、科学与艺术、理性与感性并重的一门学科。

室内设计是根据建筑物的使用性质、所处环境和相应标准，运用物质技术手段和建筑设计原理，创造功能合理、舒适优美、满足人们物质和精神生活需要的室内环境。这一空间环境既具有使用价值，满足相应的功能要求，同时又反映了历史文脉、建筑风格、环境气氛等精神因素，明确地把"创造满足人们物质和精神生活需要的室内环境"作为室内设计的目的。而"装潢"原义是指"器物或商品外表"的"修饰"，是着重从外表的、视觉艺术的角度来探讨和研究问题，也就是我们所说的"装潢设计"。例如对室内地面、墙面、顶棚等各界面的处理，装饰材料的选用，也可能包括对家具、灯具、陈设和小品的选用、配置和设计。在室内设计工作中含有装潢设计的内容，但它又不完全是单纯的装潢问题。要深刻地理解室内设计的含义，掌握其内涵和特色，需对历史文化、技术水平、城市文脉、环境状况、经济条件、生活习惯和审美要求等因素做出综合分析。在创作过程中，室内设计不同于雕塑、绘画等造型艺术形式能再现生活，而只能运用特殊手段，如空间、色彩、质感等形式的整体效果，表达出各种抽象的含义，如庄严、典雅、秀丽、宏伟等。室内设计的创作，构思过程是受各种制约条件限定的，因此只能沿着一定的轨迹，运用形象的思维逻辑，创造出美的艺术形式。

从含义上说，室内设计是建筑创作不可割裂的组成部分，其焦点是如何为人们创造出良好的物质与精神环境。所以室内设计不是一项孤立的工作，确切地说，它是建筑构思中的深化、延伸和升华。因此，既不能人为地将它从完整的建筑总体构思中划分出去，也不能抹杀掉室内设计的相对独立性，更不能把室内外空间界定得那么准确。这是因为室内空间的创意，是相对于室外环境和总体设计架构而存在的，二者是相互依存、相互制约、相互渗透和相互协调的有机关系。忽视或有意割断这种内在的联系，将使创作陷入空中楼阁的境地，犹如无源之水、无本之木，失掉了构思的依据，必然导致创作思路的枯竭，使其作品苍白、老套而缺乏新意。显然，当今室内设计发展的特征，更多的是强调尊重人们自身的价值观、深层的文化背景、民族的形式特色及宏观的时代新潮。通过装潢设计，可以使得室内环境更加优美，更加适宜人们工作生活。如图 1-3 所示是常见住宅的厨房装潢前后的效果对比。

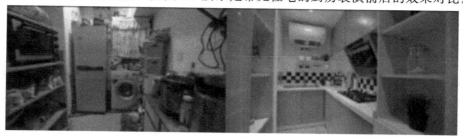

图 1-3　厨房装潢前后效果对比

现代室内设计作为一门新兴的学科，尽管只发展了数十年，但是人们有意识地对自己生活、生产活动的室内进行安排布置，甚至美化装潢，赋予室内环境以所需求的气氛，却早已从人类文明伊始就存在了。我国各类民居，如北京的四合院（见图 1-4）、四川的山地住宅（见图 1-5）及上海的里弄建筑（见图 1-6）等，在体现地域文化的建筑形体和室内空间组织、建筑装潢的设计与制作等许多方面，都有极为宝贵的可供借鉴的成果。随着经济的发展，从公共建筑、商业建筑，乃至千家万户的居住建筑，在室内设计和建筑装潢方面都有了蓬勃的发展。现代社会是一个经济、信息、科技、文化等方面高速发展的社会，人们对社会的物质生活和精神生活不断提出新的要求，相应地，人们对所处的生产、生活环境的质量也必将提出更高的要求，这就需要设计师从实践到理论认真学习、钻研和探索，这样才能创造出安全、健康、实用、美观、具有文化内涵的室内环境。

图 1-4　北京四合院

图 1-5　四川山地住宅

图 1-6　上海里弄建筑

从风格上划分，室内设计可分为中式风格、西式风格和现代风格；每种风格又可再进一步细分，如西式风格可分为地中海风格、北美风格等。

1.1.2 室内设计师

了解了室内设计的概念，下面我们再来了解什么是室内设计师、作为室内设计师应具备怎样的能力。担任过美国室内设计师协会主席的亚当认为："室内设计师所涉及的工作要比单纯的装饰广泛得多，他们关心的范围已扩展到生活的每一方面，例如住宅、办公室、旅馆餐厅的设计，无障碍设计，提高劳动生产率，编制防火规范和节能指标，提高医院、图书馆、学校和其他公共设施的使用效率。"

目前，北美的室内设计师已经与建筑师、工程师、医生、律师一样成为一种发展得相对成熟的职业。美国室内设计资格国家委员会（National Council for Interior Design Qualification，NCIDQ）对室内设计师的定义为：职业室内设计师应该受过良好的专业教育，具有相应的工作经历和经验并且通过相应的资格考试，具备完善内部空间的功能和质量的能力。该委员会还认为，为了达到改善人们生活质量，提高工作效率，保障公众的健康、安全与福利的目标，一名合格的室内设计师应具有以下 8 个方面的能力。

（1）分析业主的需要、目标和有关生活安全的各项要求；

（2）运用室内设计的知识综合解决各相关问题；

（3）根据有关规范和标准的要求，从美学、舒适、功能等方面系统地提出初步概念设计；

（4）通过适当的表达手段，发展和展现最终的设计建议；

（5）按照通用的无障碍设计原则和所有的相关规范，提供有关非承重内部结构、顶面、照明、室内细部、材料、装饰面层、家具、陈设和设备的施工图以及相关专业服务；

（6）在设备、电气和承重结构设计方面，应与其他有资质的专业人员进行合作；

（7）可以作为业主的代理人，准备和管理投标文件与合同文件；

（8）在设计文件的执行过程中和执行完成时，应该承担监督和评估的责任。

NCIDQ 对室内设计师的定义被普遍认为是一种较为全面的解释，已在北美地区得到广泛认同并被政府有关部门所接受。这一概念对我国的室内设计行业也具有很好的参考价值。

目前国内的室内设计师水平参差不齐，其中不少人缺乏对室内设计的完整理解，热衷于片面求华丽的外表，无法保障广大业主和公众的根本利益。因此，需要借鉴国外有关部门的经验和做法，整体提升设计人员的基本素质，以保障业主和公众的利益，为大众创造安全、健康、生态的内部环境。

作为专业设计人员，室内设计师应有自己的相关组织，并依托这些组织开展相关的业务活动和学术交流。中国建筑学会（见图 1-7）室内设计分会（CIID）成立于 1989 年，是获得国际室内设计组织认可的中国室内设计师的学术团体，是中国室内设计最具权威的学术组织。学会的宗旨是团结全国的室内设计师，提高中国室内设计的理论与实践水平，探索具有中国特色的室内设计道路，发挥室内设计师的社会作用，维护室内设计师的权益，发展与世界各国同行间的合作，为我国的建设事业服务。

图 1-7 中国建筑学会

CIID 成立 20 多年来，每年都举办丰富多彩的学术交流活动，为室内设计师提供学习和交流的机会，同时也为室内设计师提供丰富的设计信息及各类大型赛事信息，使中国的室内设计行业能更好更快地发展。

1.1.3 室内设计的目的与任务

1. 室内设计的目的

室内设计的主要目的是把建筑及其相关室内空间的功能美和艺术美结合起来，在构成各种使用空间的同时提高建筑及其相关室内空间的环境质量，使其更加适应人们在各个方面的需求。这个目标的实现需要两个方面，即物质功能和精神功能。一方面要合理提高建筑及其相关室内空间环境的物质水准，以满足使用功能；另一方面要提高建筑及其相关室内空间的生理和心理环境质量，使人从精神上得到满足，以有限的物质条件创造尽可能多的精神价值。

实现物质功能的目标，包含室内设计在实用性与经济性两个方面的内容。其中实用性就是要解决室内设计在物质条件方面的科学应用，诸如建筑及其相关室内环境的空间计划、家具陈设以及采光、通风、管道等设备，必须合乎科学、合理的法则，以提供完善的生活效用，满足人们的多种生活需求；经济性则是要提高室内设计的效率，具体体现在对室内设计的人力、财力、物质设备等方面的投入，必须经过严格预算，确保财力资源发挥最大的效益。

图 1-8 儿童房

实现精神功能的目标，包含室内设计在艺术性和特色性两个方面的内容。其中艺术性是指室内设计的形式原理、形式要素，即造型、色彩、光线、材质等。室内设计要达到具有愉悦感、鼓舞精神的作用（如图 1-8 所示的儿童房）。特色性是指室内设计在空间的形态、性格塑造中能够反映出不同空间的个性与特色，使室内设计能够满足和表现其独特的空间环境内涵，以使人们在有限的空间里获得无限的精神感受（如图1-9所示的小客厅）。

图1-9　小客厅

2. 室内设计的任务

任何设计都不应该是简单的、重复的图形制作活动，它必须建立在创新设计的基础之上，其最大目标在于改善人类的生活。室内设计也不例外，在室内设计中，考虑问题的出发点和最终目的都是为人服务，满足人们生活、生产活动的需要，为人们创造理想的室内空间环境，使人们感到生活在其中受到关怀和尊重。

室内设计的任务就是运用建筑及其相关室内空间技术与艺术的规律、构图法则等美学原理，寻求具体空间的内在美规律，创造人为的优质环境，改善人们的生活、工作、学习、休息等功能条件。室内设计是有目标地将人与物、物与物、人与人之间的系重新统筹定位，在常规生活模式中寻找扩展新空间形式的可能性外，室内设计的任务还与人的行为相互制约，符合对应的情感需求。它不在于有多么奢华或多么简洁，也不在于通过什么方式来实现，设计的空间只要能使人有一种依赖、有一种寄托，为人创建的生活环境就有了新的存在层面和内涵。室内设计的任务中，"人"是室内设计的主角，一切物化形式都是人的陪衬与依托。那些仅仅将室内设计的任务理解为美化或装饰、局限于满足视觉要求的看法是十分片面的。

室内设计需要考虑的方面，随着社会生活发展和科技的进步，还会有许多新的内容，对于从事室内设计的人员来说，虽然不可能对所有涉及的内容全部掌握，但是根据不同功能的室内设计，也应尽可能熟悉相应的基本内容，了解与该室内设计项目关系密切、影响最大的环境因素，使设计时能主动和自觉地考虑诸项因素，也能与有关工种专业人员相互协调密切配合，有效地提高室内设计的内在质量。

（1）室内空间设计。

室内空间设计是在建筑提供的室内空间基础上对其进行重新组织，对室内空间加以分析及配置，并应用人体工程学的知识对室内加以合理安排。进行空间设计时，首先需要对原有建筑设计的意图充分理解，对建筑物的总体布局、功能分析、人流动向以及结构体系等有深入的了解，在室内设计时对室内空间布置予以完善、调整或再创造。

现代室内空间的比例、尺度常常考虑人的亲切关系，借助抬高或降低顶棚和地面，或采用隔墙、家具、绿化、水面等的分隔，来改变空间的比例、尺度从而满足不同的功能需要，或组织成开合、断续等空间形式，并通过色彩、光照和质感的协调或对比，取得不同的环境气氛和心理效果。图 1-10 所示为大厅空间。

图 1-10 大厅空间设计

（2）室内色彩设计。

色彩是室内设计中最为生动、最为活跃的因素，室内色彩往往给人们留下室内环境的第一印象。色彩最具表现力，通过人们的视觉感受产生的生理、心理和类似物理的效应，形成丰富的联想、深刻的寓意和象征。

1）色彩的作用。

色彩的作用主要体现在如下几个方面。

物理作用：是指通过人的视觉系统所带来的物体物理性能上的一系列主观感觉的变化。它又分为温度感、距离感、体量感和重量感 4 种主观感受。

心理作用：主要表现在它的悦目性和情感性两个方面，它可以给人以美感，引起人的联想，影响人的情绪，因此它具有象征的作用。

生理作用：它主要表现在对人的视觉本身的影响，同时也对人的脉搏压等产生明显的影响。

光线调节作用：不同的颜色具有不同的反射率，因此，色彩的运用对光线的强弱有着较大的影响。

2）设计色彩的基本原则。

设计师在设计色彩时要综合考虑功能、美观、空间、材料等因素。由于色彩的运用对于人的心理和生理会产生较大的影响，因此在设计时首先应考虑功能上的要求，如医院常用白色或中性色；商店的墙面应采用素雅的色彩；客厅的色彩宜用浅黄、浅绿等较具亲和力的浅色；卧室常采用乳白、淡蓝等注重安静感的色彩。

3）色彩的界面处理。

不同的界面采用的色彩各异甚至同一界面也可以采用几种不同的色彩。如何使不同的色彩交接自然，这是一个很关键的问题。

墙面与顶棚：墙面是室内装修中面积较大的界面，色彩应以明快、淡雅为主；而顶棚是室内空间的顶盖，一般采用明度高的色彩，以免产生压抑感。

墙面与地面：地面的明度可以设计得较暗，这样使整个地面具有较好的平稳度；而墙面的色彩可以设计得较亮，这时可以设置踢角来进行色彩的过渡。

如图 1-11 所示是一个客厅的室内设计，墙面、地面、沙发、茶几、地毯、窗帘的色彩运用大胆而合理，营造出大气、舒适的气氛。

图1-11　客厅空间设计

（3）室内照明设计。

正是由于有了光，才使人眼能够分清不同的建筑形体和细部，光照是人们对外界视觉感受的前提。室内光照是指室内环境的天然采光和人工照明，光照除了能满足正常的工作生活环境的采光、照明要求外，光照和光影效果还能有效地起到烘托室内环境气氛的作用。人工照明设计包括功能照明和美学照明两个方面。前者是合理布置光源，可采用均布或局部照射的方法，使室内各部位获得应有的照度；后者则利用灯具造型、色光、投射方位和光影取得各种艺术效果。

如图1-12所示的卧室，以台灯和灯带为主要照明，并配以射灯点缀，营造出温馨、浪漫的效果，使人感觉轻松愉快。

图1-12　卧室空间设计

（4）室内家具设计。

家具包括固定家具（壁橱、壁柜、影剧院的座椅等）和可移动家具（床、沙发、书架、酒柜等），家具不仅可以创造方便舒适的生活和工作条件，而且可以分隔空间，为室内增添情趣。家具的设计除了考虑舒适、耐用等使用功能外，还要考虑它们的造型、色彩、材料、质感等以及对室内空间的整体艺术效果。

许多建筑师在进行建筑设计的同时，还从事家具设计，使家具成为建筑的有机组成部分。例如德国建筑师密斯·范德罗为巴塞罗那展览馆设计的椅子，被称为"巴塞罗那椅"，成为家具设计的杰作之一。

随着社会分工的发展和生活水平的提高，已经出现了专业的家具设计师。室内设计师除特殊情况外，大多选用定型的成品家具。

（5）室内陈设设计。

室内陈设设计主要强调在室内空间中，进行家具、灯具、陈设艺术品以及绿化等方面进行规划和处理。其目的是使人们在室内环境工作、生活、休息时感到心情愉快、舒畅。

室内陈设设计包括两大类：一类是生活中必不可少的日用品，如家具、日用器皿、家用电器等；另一类是为观赏而陈设的艺术品，如字画、工艺品、古玩、盆景等。做好室内的陈设设计是室内装修的点睛之笔，而做好陈设设计的前提是了解各种陈设品的不同功能和房屋主人的爱好和生活习惯，这样才能做到恰到好处地选择、组织日用品和艺术品。

室内绿化是指把自然界中的植物、水体和山石等景物移入室内，经过科学的设计和组织而形成具有多种功能的自然景观。

室内绿化在现代室内设计中具有不能代替的特殊作用。室内绿化具有改革室内小气候和吸附粉尘的功能，更为主要的是，室内绿化使室内环境生机勃勃，带来自然气息，令人赏心悦目，起到柔化室内人工环境，在高节奏的现代社会生活中具有协调人们心理并使之平衡的作用。

室内绿化按其内容大致分为两个层次：一个层次是盆景和插花，这是一种以桌、茶几、架为依托的绿化，这类绿化一般尺度较小；另一个层次是以室内空间为依托的室内植物、水景和山石景，这类绿化在尺度上与所在空间相协调，人们既可静观又可游玩其中。如图 1-13 所示为某客厅的陈设设计效果，既有实用家具，又有增添气氛的工艺品陈设。

图 1-13 客厅陈设设计

（6）室内材料设计。

室内材料除了过去常用的竹、木、砖、石、陶瓷、玻璃、水泥、金属、涂料、编织物以外，近年来涌现出大量美观的轻质材料，如矿棉制品、合金、人工合成材料等。这些材料由于本身物理化学性能的差异而具有疏松、坚实、柔软、光滑、平整、粗糙等不同质地，以及呈现条纹、冰裂纹、斑纹或结晶颗粒的肌理，可满足不同使用要求。

粗糙的外表，吸收较多的光而呈暗调，使人产生温暖之感和迫近之势；光滑的外表，对光的反射较多而呈明调，使人产生寒冷之感和后退之势。质地和肌理如运用得当不仅可调节空间感，还可使视觉在微观中产生更多的情趣，如运用不当，也会带来相反效果。丝绸、棉麻、毛绒等纺织品有不同的纹理和色彩，在室内常大面积使用，应分别认真选择和设计。

材料设计是室内设计中的一大学问。饰面材料的选用，同时具有满足使用功能和人们身心感受这两方面的要求，例如坚硬、平整的花岗石地面，平滑、精巧的镜面饰面，轻柔、细软的室内纺织品，以及自然、亲切的本质面材等。

（7）室内物理环境的设计。

在室内空间中，还要充分地考虑室内良好的采光、通风、照明和音质效果等方面的设计处理，并充分协调室内环控、水电等设备的安装，使其布局合理。

简而言之，室内设计就是为了满足人们生活、工作和休息的需要，为了提高室内空间的生理和生活环境的质量，对建筑物内部的实质环境和非实质环境进行规划和布置。

1.1.4 室内设计的原则及方法

室内设计要以人为核心，在尊重人的基础上，体现对人的关怀，如空间的舒适性、安全性、人情味，对老人、儿童和残疾人的关注等，这些不仅包括以人为本的功能使用要求、精神审美要求，还包括经济、安全和方便的要求，各要素间处于一种辩证而统一的关系。

1. 室内设计的原则

（1）功能性原则。

这一原则的要求是使室内空间、装饰装修、物理环境、陈设绿化最大限度地满足功能所需，并使其与功能相和谐、统一。

任意一个室内空间在没有被人们利用之前都是无属性的，只有在人们入住以后，它才具有了个体属性，如一个 15 m² 的房间，既可以作为卧室，又可以作为书房。而赋予它不同的功能以后，设计就要围绕这一功能进行。也就是说，设计要满足功能需求。在进行室内设计时，要结合室内空间的功能需求，使室内环境合理化、舒适化，同时还要考虑到人们的活动规律，处理好空间关系、空间尺度、空间比例等，并且要合理配置陈设与家具，妥善解决室内通风、采光与照明等问题。

在考虑功能性原则时，首先要明确建筑的性质、使用对象和空间的特定用途，是对外还是对内，是属于公共空间还是私密空间，是需要热闹的气氛还是宁静的环境等。由于功能性的不同，设计的做法也不相同，表现的方式更是不同。室内设计涉及的功能构想有基本功能与平面布局两方面的内容。基本功能包括休息、睡眠、饮食、会客、娱乐以及学习等，这些功能因素又形成环境的静闹、群体、私密、外向、内敛等不同特点的分区；平面布局包括各功能区域之间的关系，各房室之间的组合关系，各平面功能所需家具及设施、交通流线、面积分配、风格与造型特征的定位、色彩与照明的运用等。

（2）精神性原则。

人们总是期望能够按照美的规律来进行空间环境的塑造，这就需要设计师在满足使用者的精神要求方面下功夫，使其能为人们提供一个良好的视觉环境。如果室内空间不符合视觉艺术的基本要求，根本就谈不上美，也就无法成为一个优秀的设计作品。在设计时既不能因强调设计在文化和社会方面的使命及责任而不顾使用者的需求特点，同时又不能把美庸俗化，这需要有一个适当的平衡。另外，在美的基础上，还应该强调设计在创意上的要求，必须具有新颖的立意、独特的构思，具有个性和独创性。

（3）经济性原则。

经济性原则就是在设计和工程造价方面把握一个总控，应根据建筑空间性质的不同以及用途确定设计标准，不要盲目提高标准，单纯追求艺术效果，造成资金浪费，也不要片面降低标准而影响效果。重要的是在同样的造价下，通过巧妙的构造设计达到良好的实用与艺术效果。这就要求以最小的消耗达到所需的目的。设计要为大多数消费者所接受，必须在"代价"和"效用"之间谋求一个均衡点。但无论如何，降低成本不能以损害施工效果为代价，否则，室内设计最后的空间效果将不能真正地体现人性化的要求。广义来说，就是以最小的消耗达到所需的目的。如在建筑施工中使用的工作方法和程序省力、方便、低消耗、低成本等。经济性设计原则包括两方面，即生产性和有效性。

（4）美观性原则。

求美是人的天性。当然，美是一种随时间、空间、环境而变化性、适应性极强的概念。因此，在设计中美的标准和目的也会大不相同。

（5）适切性原则。

简单地说，适切性就是解决问题的设计方案与问题之间恰到好处，不牵强也不过分。如针对室内空间中，艺术陈设品与空间气氛的统一就需如此考虑。

（6）个性化原则。

设计要具有独特的风格，缺少个性的设计是没有生命力与艺术感染力的。无论在设计的构思阶段还是在设计深入的过程中，只有加以新奇的构想和巧妙的构思，才会赋予设计独特的勃勃生机。

现代的室内设计，是以增强室内环境的精神与心理需求的设计为最高目的。在发挥现有的物质条件下，在满足使用功能的同时，来实现并创造出巨大的精神价值。

（7）舒适性原则。

各个国家对舒适性的定义各有所异，但从整体上来看，舒适的室内设计是离不开充足的阳光、清新的空气、安静的生活氛围、丰富的绿地和宽阔的室外活动空间、标志性的景观等。

阳光可以给人以温暖，满足人们生产、生活的需要；阳光也可以起到杀菌、净化空气的作用。人们从事的各种室外活动应在有充足的日照空间中进行。当然，除了充足的日照以外，清新的空气也是人们选择室外活动的主要依据，我们要杜绝有毒、有害气体和物质对室内设计的侵袭，所以进行合理的绿化是最有效的办法。

噪声的嘈杂，使紧张的生活变得不安。交通噪声、生活噪声不仅会影响人们安静的室内生活，也会干扰人们的室外活动。为了减少噪声对使用者的影响，我们可以通过降低噪声源和进行噪声隔离两种方法来解决。我国对居民室内空间白天不超过 50 dB，夜间不超过 40 dB 有明确的规定。在人们居住区内的小环境中，设计师除了进行绿化隔声以外，可以注意室内设计与建筑、街道的关系，还可以在小环境中进行声音空间的营造（水声、鸟声），使人在室外空间中也可以享受安静的快乐。

绿地景园是人们生活环境的重要组成部分，它不仅可以提供遮阳、隔声、防风固沙、

杀菌防病、净化空气、改善小环境的微气候等诸多功能，还可以通过绿化来改善室内设计的形象，美化环境，满足使用者物质及精神等多方面的需要。

（8）安全性原则。

人只有在较低层次的需求得到满足之后，才会表现出对更高层次需求的追求。人的安全需求可以说是仅次于吃饭、睡觉等位于第二位的基本需求，它包括个人私生活不受侵犯，个人财产和人身安全不被侵害等。因此，在室外环境中的空间领域性的划分，空间组合的处理不仅有助于密切人与人之间的关系，而且有利于环境的安全保卫。

室内空间环境的安全性不仅在于墙面、地面或顶棚等构造都要具有一定强度和刚度，符合设计要求，特别是各部分之间的连接的节点，更要安全可靠，还在于室内环境质量和舒适度能否满足精神功能的需要，如空调设备技术的运用，现代消防器材、自动喷淋、烟感报警等安全装置技术的运用，家用电器以及电信设施在室内环境中的运用。如何最大限度地利用现代科学技术的最新成果，满足人的安全性方面的要求，是当代室内设计师理应考虑的问题。

（9）方便性原则。

方便性原则主要体现在对交通流线组织、公共服务设施的配套服务和服务方式的方便程度方面。在室内设计中，交通流线组织不仅要满足使用者的出行需要，还要为必须进入的交通提供方便。同时，在室内功能空间、交通空间、休息空间、绿化空间最大限度地满足功能所需的基础上，还要考虑公共服务设施为使用者的生活所提供的方便程度。要根据使用者的生活习惯、活动特点采用合理的分级结构和宜人的尺度，使小空间内的公共服务半径最短，使用者来往的活动路线最顺畅，并且利于经营管理，这样才能创造出良好的、方便的室内设计。

（10）区域性原则。

由于人们所处的地区、地理条件存在差异，各民族生活习惯与文化传统也不一样，所以对室内设计的要求也存在着很大的差别。各个民族的地址特点、民族性格、风俗习惯及文化素养等因素的差异，使室内装饰设计也有所不同。因此，设计中要有各自不同的风格和特点。

2. 室内设计的方法

室内设计的方法，这里着重从设计者的思考方法来分析，主要有以下几点。

1）大处着眼、细处着手，总体与细部深入。大处着眼，是指在设计时思考问题和着手设计的起点要高，有一个设计的全局观念。细处着手是指具体进行设计时，必须根据室内的使用性质，深入调查、收集信息，掌握必要的资料和数据，从最基本的人体尺度、人流动线、活动范围和特点、家具与设备等的尺寸以及使用它们时的空间等方面着手。

2）从里到外、从外到里，局部与整体协调统一。建筑师依可尼可夫曾说："任何建筑创作，都应是内部构成因素和外部联系之间相互作用的结果，也就是从里到外、从外到里。"室内环境的"里"，以及和这一室内环境连接的其他室内环境，以至建筑室外环境的"外"，它们之间有着相互依存的关系，设计时需要从里到外、从外到里多次反复协调。室内环境需要与建筑整体的性质、标准、风格，与室外环境相协调和统一。

3）意在笔先或笔意同步，立意与表达并重。意在笔先原是指绘画创作时必须先有立意，即深思熟虑，有了"想法"后再动笔，也就是设计的构思、立意至关重要。可以说，一项设计，没有立意就等于没有"灵魂"，设计的难度也在于要有个好的构思。具体设计时意在笔先固然好，但是一个较为成熟的构思，往往需要有足够的信息量，有商讨和思考的时间。因此也可以边绘制边构思，即所谓笔意同步，在设计前期和出方案过程中。

对于室内设计来说，正确、完整、有表现力地表达出室内环境设计的构思和意图，使建设者和评审人员能够通过图纸、模型、说明等，全面地了解设计意图，这是非常重要的。在设计投标竞争中，图纸质量的完整、精确、优美是第一关，因为在设计中，图纸表达是设计者的语言，一个优秀的室内设计方案的内涵和表达应该是统一的。

3. 室内设计的阶段

室内设计根据设计的进程，通常可以分为四个阶段，即设计准备阶段、方案设计阶段，施工图设计阶段和设计实施阶段。

（1）设计准备阶段。

设计准备阶段主要是接受委托任务书，签订合同，或者根据标书要求参加投标，明确设计期限并制订设计计划进度安排，考虑各有关工种的配合与协调。

明确设计任务和要求，如室内设计任务的使用性质、功能特点、设计规模、等级标准、总造价、所需创造的室内环境氛围、文化内涵或艺术风格等。

熟悉与设计有关的规范和定额标准，收集并分析必要的资料和信息，包括对现场的勘查以及对同类型实例的参观等。

在签订合同或制定投标文件时，还包括设计进度安排、设计费率标准，即室内设计收取业主设计费占室内装饰总投入资金的百分比（由设计单位根据任务的性质、要求、设计复杂程度和工作量，提出收取设计费率，通常在 4%～8%，最终与业主商议确定）。

（2）方案设计阶段。

方案设计阶段是在设计准备阶段的基础上，进一步收集、分析、运用与设计任务有关的资料与信息，构思立意，进行方案的初步设计，深入设计，进行方案的分析与比较。确定初步设计方案，提供设计文件。室内初步设计方案的文件通常包括以下几项：

1）平面图（包括家具布置），常用比例 1：50 和 1：100。

2）室内立面展开图，常用比例 1：20 和 1：50。

3）天花图或仰视图（包括灯具、风口等布置），常用比例 1：50 和 1：100。

4）室内透视图（彩色效果）。

5）室内装饰材料实样版面（墙纸、地毯、窗帘、室内纺织面料、墙地面砖及石材、木材等实样，家具、灯具、设备等实物照片）。

6）设计意图说明和造价概算。

初步设计方案需经审定后，方可进行施工图的设计。

（3）施工图设计阶段。

施工图设计阶段需要补充施工所必要的有关平面布置、室内立面和天花等图纸，还包

括构造节点详图、细部大样图以及设备管线图，编制施工说明和造价预算。

（4）设计实施阶段。

设计实施阶段即工程的施工阶段。室内工程在施工前，设计人员应向施工单位进行设计意图说明及图纸的技术交底；工程施工期间需按图纸要求核对施工实况，有时还需根据现场实况提出对图纸的局部修改或补充（由设计单位出具修改通知书），施工结束时，会同质检部门和建设单位进行工程验收。

为了使设计取得预期效果，室内设计人员应设计各阶段的环节，充分重视设计、施工、材料、设备等各个方面，并熟悉与原建筑物的建筑设计、设施（水、电等设备工程）设计的衔接，同时还必须协调好与建设单位和施工单位之间的相互关系，在设计意图和构思方面取得沟通与共识，以期望取得理想的设计工程成果。

1.1.5 室内设计的学习方法

要想成为一名合格的室内设计师，就需要一种合理的学习方法，需要对学习内容进行统筹安排。室内设计的学习分为理论学习和实践学习两部分，两者之间既有联系又有区别。理论关注的是学科的基本知识和学科动态前沿，而实践关注的是具体的、与现实相关联的特定实例。理论是学习与实践的基础，实践是理论的应用和深化。只有加强对两者的深入学习，才能符合作为优秀室内设计师的人才标准。

1. 基础理论的学习

室内设计基础理论是指室内设计原理的一般规律，并为应用研究提供有指导意义的共同理论基础，是室内设计师进行设计时最重要的理论技术依据，经过多年的研究发展和实践总结，已经积累了丰富的内容。在学习中应注意以下5个方面。

（1）注重对人与自然的关怀。

人是室内活动的主体，满足人的生理和心理需求是营造室内空间的根本目的，是现代室内设计的核心内容。因此，围绕人在内部空间的活动规律而发展出的理论就构成了室内设计原理的基础。

（2）注重全球文化与地域文化的发展变化。

不同地域的文化各具特色，有其特殊规律和历史延续性。因此，我们既要时刻关心当代全球文化发展的新成果，了解具有时代精神的价值观和审美观，又要充分尊重不同地域特有的传统文化。在室内设计创作中应对这方面的内容给予充分关注，以促进室内设计创作的繁荣。

（3）熟悉人体工程学和环境心理学。

人体工程学是研究人、物、环境三大要素之间的关系，为解决该系统中人的效能、健康问题提供理论与方法的科学。过去人们常把人和物、人和环境割裂开来，孤立地对待。而人体工程学把人、物、环境三者作为一个整体，系统地进行研究，其成果有助于我们协调人、物、环境之间的关系，达到三者的完美统一。

环境心理学着重从心理学和行为的角度探讨人和环境之间的相互关系。主要涉及室内设计与人的行为模式和心理特征相符合；认知环境和心理行为模式与室内空间组织的关系；室内空间使用者的个性与环境的相互关系等。

对这两大学科相关内容的学习，有助于从人的生理与心理角度出发考虑室内设计问题，充分满足人的生理和心理需求的理想的内部空间。

（4）对相关工程知识的学习。

室内设计所涉及的专业很多，技术要求各有不同，因此必须了解相关知识才能更好地学习室内设计。与室内设计相配合的其他工种包括建筑结构类、管道设施类（水、电、暖、空调、消防）、电器设备类（电器、照明、办公设备）、软装设计类（窗帘、床上用品、绿化、字画、摆件等）。如此众多的元素必然要求设计师具有宽广的知识面，对相关学科知识都要有所了解。特别是在进行大型公共建筑内部空间设计时，牵涉业主、施工单位、经营管理方、结构、水、电、空调工程以及供货商等，设计师只有对各方面的知识都有所了解，才能与各方人员顺利沟通、相互协调，解决复杂工程中的复杂问题，达到各方面都能满意的结果。

（5）熟悉相关规范。

室内设计首先要保证室内空间使用的安全，其次才是装饰效果。为了确保工程安全，国家制定了很多专业规范。室内设计中的常用规范有《建筑设计防火规范》GB50016—2014、《建筑内部装修设计防火规范》GB50222—2017、《高层民用建筑设计防火规范》GB50045—2005、《民用建筑工程室内环境污染控制规范》GB50325—2010、《建筑装饰工程施工及验收规范》GB50210—2015等。作为设计师应该了解常用规范的内容，熟悉主要数据，在设计中主动运用，确保设计符合现行规范的要求。

2. 专业实践的学习

专业实践是培养设计师综合运用所学的基础理论、专业知识、基本技能来应对和处理问题的能力，是检验设计师对专业设计能力以及社会综合能力掌握情况的重要标准。对专业实践的学习应从以下4个方面着手。

（1）案例学习。

室内设计案例学习指的是通过对具体的室内设计案例的分析和讨论，形成对室内设计的本质、意义、原理和局限性等内容的认识，了解室内设计中疑难问题的解决方法。

案例学习为每个参与讨论者提供了同样的事实与情景，其中所隐含的决策信息是相同的。由于每个人的知识结构不同，对案例的理解就会有不同，不同的观点与解决方案在讨论中会发生碰撞，产生火花。通过讨论可以逐渐完善对案例的认识，加深对理论知识的理解。

（2）室内空间体验学习。

所谓室内空间体验指的是设计者亲身沉浸在已建成的室内空间环境中，与空间相融，感受空间的存在，与空间进行交流互动。这是学习室内设计的一种重要方法。室内空间是由具体的物质围合而成的，它不是抽象而是具体的。一个画在纸上的方案不是空间，它只是对空间或多或少的间接表现，只有空间体验才是最直接、最真实的。空间体验能够帮助我们将经由图纸得来的对设计作品的印象在真实环境中加以印证，从而获得对空间、材

料、色彩、光线、尺度等最真实直接的体验。我们应该学会以一种具体的方式去体验室内空间，去看它、摸它、听它甚至闻它的味道。我们只有带着对室内设计作品具体形象的体验并受其影响，才有可能在心灵中唤起这些形象并重新审视它们，从而帮助我们发现新的形象，设计出新的作品。

（3）室内设计专题训练。

所谓专题训练是指有一定独立性的、有明确的题目和任务、可以获得一定成果（阶段成果）或结论的室内设计，是由学生在教师指导下独立完成的设计实践过程。在教学中表现为课程设计、毕业设计和室内设计实习（实践）等形式。

专题训练的主要目的是培养学生运用已获得的一系列基础知识和专业技术，进行综合思考和分析，进一步训练运用创造性思维分析和解决问题的能力。专题训练的题目有两种，一种是假想的，另一种是实际的，这两类题目各有利弊。前者有利于教学的系统性，但与工程实践有一定的距离；后者的特点正好相反。为了使学生毕业后能尽快融入社会，在教学中应适当增加以实际工程为主题的训练。

（4）施工现场实践教学。

施工现场实践教学的目的是在学生完成基础课、专业基础课和专业课的基础上，通过工程施工实习，进一步了解室内设计工程的设计、施工、施工组织管理及工程监理等主要技术，使书本理论与生产实践有机结合，扩大视野，增强感性认识，培养学生独立分析问题和解决问题的能力，以适应未来实际工作的需要。

室内设计工程施工的现场实践教学有助于提高专业课的教学质量；丰富和拓宽学生的专业知识面；加深学生对结构体系、细部构造、装饰材料、施工工艺、施工组织管理、工程预算等内容的理解，巩固课堂所学的知识；使学生了解装饰施工企业的组织机构及企业经营管理方式等，达到理论联系实际的目的。

1.1.6　室内设计师应具备的素养

室内设计近年来成为热门的行业，要想在这个行业中脱颖而出，为使用者打造出理想、舒适、美观的环境成为衡量一名优秀室内设计师的标准。要想在这个行业占据一席之地，得到大家的认可，使未来的发展有更大空间，就需要从自身素质和能力上来把握。

1. 具备广博的科学文化知识、美学知识与艺术素养

作为专业室内设计师，必须具备敏锐的审美感受能力和艺术表现能力。这两种能力的获得和发展，一方面要通过设计师本人在生活实践和艺术创作实践中去锻炼和积累，另一方面，要从学习艺术知识和接受前人的艺术经验中得到培养和提高。另外，艺术素养的提高不仅要懂得自身的专业，还要学习美学、文学、文艺理论、美术史、设计史、色彩学、诗词歌赋等。"功夫在画外"一说不无道理，只有不断提高自身的艺术修养，才能设计出独树一帜、耳目一新的作品来。

2. 具有良好的职业道德准

室内设计的职业道德是指在室内设计职业中应遵循的基本道德，是设计行业对社会所

负的道德责任和义务，它属于自律范畴。要真正做好室内设计，使自己的设计能在社会上得到认可，良好的职业道德是成为一个优秀设计师的最基本的素质要求。

3. 具有建筑设计知识及空间设计的理解能力

室内设计是基于对建筑设计的充分解读之上的，是建筑设计理念的深入和延续，而非表面性的、无根据的单纯装饰。室内设计师必须对建筑结构知识有一定的经验积累，才能够对室内空间的技术问题有全面的认知，才能够根据具体情况进行创造性的设计。在实际工作中，设计师必须加强对空间设计的理解，把握空间观念和方法，采取恰当的手法进行空间的再设计，合理利用空间，不浪费资源，有效地节约成本，才能不断地革新超越，创作出高品质的设计作品。

4. 具备准确的、熟练的表现能力

作为一个合格的室内设计师，必须熟练掌握手绘表现方法，它是室内设计师表现思维方式、传递设计理念的重要手段之一，是一种无声表达情感的特殊语言，室内设计离不开这种图像化语言的展现。不仅能够掌握手绘还不够，还必须熟练掌握有关电脑软件，如AutoCAD、3D Max、Photoshop等。室内设计师必须对这些知识了解清楚，能够熟练地将这些技能结合在一起，运用到实际设计之中，这是对一个室内设计师专业能力的最基本要求。

5. 具备沟通和诠释的能力

作为一个室内设计师，绝大多数时候只是根据使用者的要求去进行设计。如何清楚地了解使用者的意图，需要很强的理解能力；遇到客户不合理的要求，要从专业角度向客户解释这样做的不合理性，向客户清晰地表达自己的设计理念。因此，善于协调和沟通才能保证设计的效率及效果。这是对现代室内设计师的一项附加要求。

1.1.7　室内设计的特点、原理和作用

1. 室内设计的特点

（1）室内设计是建筑的构成空间，是环境的一部分。

室内设计的空间存在形式主要依靠建筑物的围合性与控制性，在没有屋顶的空间，对其进行空间和地面两大体系设计语言的表现。当然，室内设计是以建筑为中心，与周围环境要素共同构成的统整体，周围的环境要素既相互联系又相互制约，组成功能相对单一、空间相对简洁的室内设计。

室内设计是整体环境中的一部分，是环境空间的节点设计，是衬托主体环境的视觉构筑形象，同时室内设计的形象特色还将反映建筑物的某种功能，以及空间特征。设计师在地面上运用水面、草地、踏步、铺地的变化；在空间中运用高墙、矮墙、花墙、透空墙等的处理；在向外延伸时，花台、廊柱、雕塑、小品、栏杆等多种空间的隔断形式的交替使

用，都要与建筑主体功能、形象、含义相得益彰，在造型、色彩上协调统一。因此，室内设计必须在遵循整体性原则的基础上，处理好整体与局部、主体与室内的关系。

（2）室内设计的相对独立性。

与其他环境一样，室内是由环境的构成要素及环境设施所组成的空间系统。室内设计在整体的环境中具有相对独立的功能，也具有由环境设施构成的相对完整的空间形象，并且可以传达出相对独立的空间内涵，在满足部分人群的行为需求基础上，也可以满足部分人群精神上的慰藉以及对美的、个性化环境的追求。在相对独立的室内设计中，虽然从属于整体建筑环境空间，但每一处室内设计都是为了表达某种含义或服务于某些特定的人群，是外部环境的最终归宿，是整个环境的设计节点。

（3）室内设计的环境艺术性。

环境是门综合艺术，它将空间的组织方法、造型方式、材料等与社会文化、情感、审美、价值趋向相结合，创造出具有艺术美感价值的环境空间，为人们提供舒适、美观、安全、实用的生活空间，同时满足人们的生理、心理、审美等方面的需求。环境的设计是自然科学与社会科学的综合，是哲学与艺术的探讨。环境是一种空间艺术的载体，室内设计是环境的一部分，因此，室内设计是环境空间与艺术的综合体现，是环境设计的细化与深入。进行现代的室内设计，设计师要在统一、整体的环境下，运用对空间造型、材料肌理以及人与环境建筑之间关系的理解进行设计。同时还要突出室内设计所具有的独立性，并利用空间环境的构成要素的差异性和统一性，通过造型、质地、色彩向人们展示形象，表达特定的情感。

2. 室内设计的原理

室内设计是一门大众参与较为广泛的艺术活动，是设计内涵集中体现的地方。室内设计是人类创造更好的生存和生活环境条件的必要活动，它通过运用现代的设计原理进行适用、美观的设计，使空间更加符合人们生理和心理的需求，同时也促进了审美意识的提高，不仅对社会的物质文明建设有着重要的促进作用，而且对于精神文明建设也有着潜移默化的积极作用。

3. 室内设计的作用

一般认为，室内设计具有以下作用和意义。

（1）提高室内造型的艺术性，满足人们的审美需求。

在忙碌、紧张的现代社会生活中，人们对于城市的景观环境、居住环境以及设计质量越来越关注，特别是城市的景观环境以及与人难以割舍的室内设计。

在时代发展中，强化建筑及建筑空间的个性、意境和气氛，使不同类型的建筑及外部空间更具性格特征、情感及艺术感染力，以此来满足不同人群室内活动的需要；同时，通过对空间造型、色彩基调、光线变化以及空间尺度的艺术处理，来营造良好的、开阔的、室内视觉审美空间。

因此，室内设计从舒适、美观入手，改善并提高人们的生活水平，表现出空间造型的艺术性；同时，随着时间的流逝，将成为运用创造性而凝铸在历史中的时空艺术。

（2）保护建筑主体结构的牢固性，延长建筑的使用寿命。

室内设计不仅可以弥补建筑空间的缺陷与不足，加强建筑的空间序列效果，还能增强构筑物、景观的物理性能，以及辅助设施的使用效果，提高室内空间的综合使用性能。

室内设计是一门综合性学科，它要求设计师不仅具备审美的艺术素质，同时还应具备环境保护学、园林学、绿化学、室内装修学、社会学、设计学等多门学科的综合知识体系。家具、绿化、雕塑、水体、基面、小品等设计也可以弥补由建筑造成的空间缺陷与不足，加强室内设计空间的序列效果，增强对室内设计中各构成要素进行的艺术处理，提高室外空间的综合使用性能。如在室内设计中，雕塑、小品、构筑物的设置既可以改变空间的构成形式，提高空间的利用效果，也可以提升空间的审美功能，满足人们对室内空间综合性能的使用需要。

（3）协调好"建筑-人-空间"三者的关系。

室内设计是以人为中心的设计，是环境空间的节点设计。室内设计是由建筑物围合而成，且具有限定性的空间小环境。自室内设计的产生，它就展现出"建筑-人-空间"三者之间协调与制约的关系。室内设计就是要将建筑的艺术风格、形成的限制性空间的强弱，使用者的个人特征、社会属性小环境空间的色彩、造型、肌理三者之间的关系按照设计者的思想，重新加以组合，以满足使用者舒适、美观、安全、实用的需要。

总之，室内设计的核心是如何通过对室外、空间进行艺术的、综合的、统一的设计，提升室外整体空间环境和室内空间环境的形象，满足人们的生理及心理需求，更好地为人类的生活、生产和活动服务并创造出新的、现代的生活理念。

1.2　人体工程学与室内设计

1.2.1　人体工程学的概念

人体工程学（Human Engineering），也称人机工程学、人类工程学、人体工学、人间工学或工效学（Ergonomics）。Ergonomics 来源于希腊文 Ergo（工作、劳动）和 Nomos（规律、效果），也即探讨人们劳动、工作效果、效能的规律性。人体工程学由六门分支学科组成，即人体测量学、生物力学、劳动生理学、环境生理学、工程心理学、时间与工作研究学。

人体工程学诞生于第二次世界大战之后。按照国际人类工效学学会（International Ergonomics Association，IEA）所下的定义，人体工程学是一门"研究人在某种工作环境中的解剖学、生理学和心理学等方面的各种因素；研究人和机器及环境的相互作用；研究人在工作中、家庭生活中和休闲时怎样统一考虑工作效率、人的健康、安全和舒适等问题的学科"。

1. 学科命名

由于人体工程学是一门综合性、边缘性学科，各个国家的专家、学者都试图从自身的

角度来给本学科命名和下定义，因而世界各国对本学科的命名不尽相同，即使同一个国家对本学科的名称的提法也很不统一，甚至有很大差别。例如，美国称之为人类工程学、人的因素工程学，西欧国家称之为人类工效学，日本称之为人间工学，中国称之为人机工程学、人体工程学、人类工程学、工程心理学等。

（1）美国人机工程学专家C.C.伍德认为：设备设计必须适合人的各方面因素，以便在操作上付出最小的代价而求得最高的效率。

（2）W.B.伍德森认为：人机工程学研究的是人与机器相互关系的合理方案，亦即对人的知觉显示、操作控制、人机系统的设计及其布置和作业系统的组合等进行有效的研究，其目的在于获得最高的效率及作业时感到安全和舒适。

（3）著名的美国人机工程学家及应用心理学家A.查帕尼斯认为：人机工程学是在机械设计中，考虑如何使人获得操作简便而又准确的一门学科。

另外，在不同的研究和应用领域中，带有侧重点和倾向性的定义还有十种，但是大同小异。我们可以综合各种提法，丰富自己对人体工程学的理解。如边缘性学科、人的行为知识、有效性、减少差错、减轻疲劳、人的劳动活动规律、生物力学、生理解剖学、心理学和技术科学、工艺学等的关键词汇都充分体现了人体工程学的内涵。

时至今日，社会发展向后工业社会、信息社会过渡，重视"以人为本"，为人服务。人体工程学强调从人自身出发，在以人为主体的前提下研究人们衣、食、住、行以及一切生活、生产活动中综合分析的新思路。

日本千叶大学小原教授认为：人体工程学可探知人体的工作能力及其极限，从而使人们所从事的工作趋向适应人体解剖学、生理学、心理学的各种特征。其实"人-物-环境"是密切地联系在一起的一个系统，今后"可望运用人体工程学主动地、高效率地支配生活环境。"

2. 学科定义

一般认为，人体工程学是以人的生理、心理特性为依据，应用系统工程的观点分析研究人与产品、人与环境以及产品与环境之间的相互作用，并为设计操作简便省力、安全、舒适、"人-机-环境"的配合达到最佳状态的工程系统提供理论和方法的学科。

人体工程学是研究"人-机-环境"系统中人、机、环境三大要素之间的关系，为解决该系统中人的效能、健康问题提供理论与方法的学科。

为了进一步说明人体工程学的定义，需要对定义中提到的"人""机""环境"做以下几点解释：

"人"是指作业者或使用者，包括人的心理、生理特征，人适应机器和环境的能力计算机软件等各种与人发生关系的一切事物。对于不同的专业，"机"的含义有所不同。例如，在室内设计中"人-机-环境"系统中的"机"主要指各类家具及与人关系密切的建筑构件，如门、窗、栏杆、楼梯等。而在人体工程学的一个分支——安全人体工程学（安全人体工程学是运用人体工程学的原理及工程技术理论来研究和揭示人机系统中的安全特性，立足于对人在作业过程中的保护，确保安全生产和生活的一门学科）中，"机"主要是指机械设备和设施。

"环境"是指"人"与"机"共处的环境，指人们工作和生活的环境。

　　"人-机-环境系统"是指由共处于同一时间和空间的人与其所使用的机以及它们所处的周围环境所构成的系统，简称"人-机系统"。

　　"人-机-环境"之间的关系：相互依存、相互作用、相互制约。

　　人体工程学的任务：使机器的设计和环境条件的设计适合人，以保证人的操作简便省力、迅速准确、安全舒适，心情愉快，充分发挥人、机效能，使整个系统获得最佳经济效益和社会效益。

　　对于人体工程学，应该掌握两点：第一，人体工程学是在人与机器、人与环境不协调，甚至存在严重矛盾这样一个历史条件下逐渐形成并建立起来的，它本身仍在不断发展。第二，人体工程学研究的重点是系统中的人。

　　人体工程学在解决系统中人的问题上主要有两条途径：一是使机器、环境适应于人；二是通过最佳的训练方法，使人适应于机器和环境。

　　从上述本学科的命名和定义来看，尽管学科名称多样、定义各异，但是本学科在研究对象、研究方法、理论体系等方面并不存在本质上的区别。这正是人体工程学作为一门独立的学科存在的理由；也充分体现了学科边界模糊、学科内容综合性强、涉及面广等特点。

　　另外，在不同的研究和应用领域中，带有侧重点和倾向性的定义很多，这里不再逐一介绍。

　　目前，国际人类工效学学会的定义较具有权威性及全面性：人体工程学是研究人在某种工作环境中的解剖学、生理学和心理学等方面的各种因素，研究人和机器及环境的相互作用，研究在工作中、家庭生活中和休假时怎样统一考虑工作效率、人的健康、安全和舒适等问题的学科。

1.2.2　人体工程学与室内设计相关的含义

　　人体工程学联系到室内设计，其含义为：依据以人为中心，"为人而设计"的原则，运用人体测量、生理、心理计测等方法，研究人体的结构功能、心理等方面与室内空间环境的合理协调关系，创造出适合人类活动需求的室内空间。在室内设计中，要营造出各种有利于人的身心健康的舒适环境，主要采用科学的手段，包括"关于人体尺度和人类的生理及心理需求"这两方面。除此之外，人体自身的空间构成的相关问题的重要性也显现出来，因此，在开始研究之前，先探讨空间的构成。人体空间的构成主要包括以下三个方面。

1. 体积

　　体积，就是人体活动的三维范围。这个范围将根据研究对象的国籍、生活的区域以及个人的民族、生活习惯的不同而各异。因此，人体工程学在设计实践中经常采用的数据都是平均值，此外还向设计人员提供相关的偏差值，以供余量的设计参考。

2. 位置

位置，是指人体在室内空间中的相对"静点"。个体与群体在不同的空间的活动中，总会趋向一个相对的空间"静点"，以此来表示人与人之间的空间位置和心理距离等，它主要取决于视觉定位。同样它也根据人的生活、工作和活动所要求的不同环境空间，而表现在设计中，因此它是一个弹性的指数。

3. 方向

方向，是指人在空间中的动向。这种动向受生理、心理以及空间环境的制约。这种动向体现了人对室内空间使用功能的规划和需求。例如，人在黑暗中具有趋光性的表现，而在休息时则有背光的行为趋势。

1.2.3　人体工程学与室内设计的关系

人与环境的关系就如同鱼和水的关系一样，彼此相互依存。人是环境的主体，在理想的环境中，不仅能提高人的工作效率，还能给人的身心健康带来积极的影响。因此我们研究人体工程学的主要任务就是要使人的一切活动与环境协调，使人与环境系统达到一个理想的状态。

从室内设计的角度看，人体工程学的主要功能和作用在于通过对人的生理和心理的正确认识，使一切环境更适合人类的生活需要，进而使人与环境达到完美的统一。人体工程学的重心完全放在人的上面，而后根据人体结构、心理形态和活动需要等综合因素，充分运用科学的方法，通过合理的空间组织和设施的设计，使人的活动场所更具人性化。

人体的结构非常复杂，从人类活动的角度来看，人体的运动器官和感觉器官与活动的关系最密切。运动器官方面，人的身体有一定的尺度，活动能力有一定的限度，无论是采取何种姿态进行活动，皆有一定的距离和方式，因而与活动有关的空间和家具设施的设计必须考虑人的体形特征、动作特性和体能极限等人体因素。感觉器官方面，人的知觉、感觉与室内环境之间存在着极为密切的关系，诸如周围的温度、湿度、光线、声音、色彩、比例等环境因素皆直接和强烈地影响着人的知觉和感觉，并进而影响人的活动效果。因此了解人的知觉和感觉特性，可以成为建立环境设计的标准。人体工程学在设计尤其在室内空间设计中的作用主要体现在以下几个方面。

1. 为确定空间场所范围提供依据

根据人体工程学中的有关统计数据，从人体尺度、心理空间、人际交往的空间以及使用人数的多少、使用空间的性质、家具的数量等，来确定空间范围。

影响场所空间大小、形状的因素相当多，但是，最主要的因素还是人的活动范围以及设施的数量和尺寸。因此，在确定场所空间范围时，必须搞清楚使用这个场所空间的人数，每个人需要多大的活动面积，空间内有哪些设施以及这些设施和设备需要占用的面积等。

作为研究问题的基础，要准确测定出不同性别的成年人与儿童在立、坐、卧时的平均尺寸，还要测定出人们在使用各种家具、设备和从事各种活动时所需空间的体积与高度，这样一旦确定了空间内的总人数，就能制定出空间的合理面积与高度。

2. 为设计家具、设施等提供依据

家具、设施的主要功能是使用，因此，家具设计中的尺度、造型、色彩及其布置方式都必须符合人体生理、心理尺度及人体各部分的活动规律，以便达到安全、实用、方便、舒适、美观的目的。因此，无论是人体家具还是储存家具都要满足使用要求。属于人体家具的椅、床等，要让人坐着舒适，书写方便，睡得香甜，安全可靠，减少疲劳感。属于储藏家具的柜、橱、架等，要有适合储存各种衣物的空间，并且便于人们存取。属于健身休闲公共设施的，要有合适的空间满足人们的活动要求，使人感觉到既安全又卫生。为满足上述要求，设计家具、设施旧时必须以人体工程学为指导，使家具、设施符合人体的基本尺寸和从事各种活动需要的尺寸。

为家具设计提供依据主要体现在可获得相应的家具尺寸和家具造型的基本特征这两个方面。

（1）利用人体测量数据可以获得相应的家具尺寸。例如，座椅的高度应参照人体小腿加足高，座椅的宽度要满足人体臀部的宽度，使人能够自如地调整坐姿。座椅的深度应能保证臀部得到全部支撑。人体坐深尺寸是确定座位深度的关键尺寸，很多初学室内设计的学生，对于人的生理缺乏正确认识，常会犯一些不遵照人体尺寸进行设计的错误。例如，有的同学设计的桌子太高、椅子太矮，这样的设计使人使用起来不舒适。在装修时，橱柜需要多高，写字台需要多高，床需要多长，这些数据都不是随意确定的，而是通过大量的科学数据分析出来的，具有一定的通用性。

（2）通过了解人体结构可以获得家具造型的基本特征。人体工程学并不仅仅是提供一个普通性数据的学科，它还是一门优化人类环境的学科。通过它，人们可以设计出越来越舒服的沙发和床垫，还能设计出更方便的工作制服。座椅的基本功能是支撑身体，让人坐在上面休息和工作。通过了解人体结构，可获得合理的座椅造型设计。按人体工程学理论，人体受力最不平衡的部位为腰椎，因为它要支撑整个上躯并要进行大幅度的运动，所以最容易疲劳。因此，座椅设计首先考虑的是使人体腰椎得到充分休息，座椅靠背的曲线就是根据人体这种生理特点得出的。

3. 为确定感觉器官的适应能力提供依据

室内物理环境主要有室内热环境、声环境、光环境、视觉环境、辐射环境等，人体工程学可以为确定感觉器官的适应能力提供依据，如人的感觉器官在什么情况下能够感觉到刺激物，什么样的刺激物是可以接受的，什么样的刺激物是不能接受的，进而为室内物理环境设计提供科学的参数，从而创造出舒适的室内物理环境。人的感觉能力是有差别的，从这一事实出发，人体工程学既要研究一般的规律，又要研究不同年龄、不同性别的人感觉能力的差异。

在听觉方面，人体工程学首先要研究人的听觉极限，即什么样的声音能够被人听到。实验表明，一般的婴儿可以听到频率为 20 000 次每秒的声音，成年人能听到频率为 6 100～18 000 次每秒的声音，老年人只能听到 10 100～12 000 次每秒的声音。其次，要研究声音大小会给人带来怎样的心理反应以及声音的反射、回声等现象。以音量为例，高于 48 dB 的声音即可称为噪声，110 dB 的声音即可使人产生不快感，130 dB 的声音可以给人以刺痒感，140 dB 的声音可以给人以压痛感，150 dB 的声音则有破坏听觉的可能性。

听觉具有较大的工作范围。在 7 m 以内，耳朵是非常灵敏的，在这一距离进行交谈没有困难。大约在 35 m 的距离，仍可以听清楚演讲，如建立起一种问与答式的关系，但已不可能进行实际的交谈。超过 35 m，倾听别人的能力就大大降低了，有可能听见人的大声叫喊，但很难听清内容。如果距离达 1 km 或者更远，就只可能听见大炮声或者高空的喷气式飞机这样极强的噪声。

当背景噪声超过 60 dB 时，就几乎不可能进行正常的交谈了，而在交通拥挤的街道上，噪声的水平通常正是这个数值。因此，在繁忙的街道上实际极少看见有人在交谈，即使要交谈，也会有很大的困难。人们只有趁交通缓和之际高声说几句短暂的话来进行交流。为了在这种条件下交谈，人们必须在 5～15 cm 的距离内讲话。如果成人要与儿童交谈，就必须躬身靠近儿童。这实际上意味着当噪声水平太高时，成人与儿童之间的交流会完全消失，儿童无法询问他们所看到的东西，也不可能得到回答。

只有在背景噪声小于 60 dB 时，才可能进行交谈。如果人们要听清别人的轻声细语脚步声、歌声等完整的社会场景要素，噪声水平就必须降至 50 dB 以下。

嗅觉只能在非常有限的范围内感知不同的气味。只有在小于 1 m 的距离以内，才能闻到从别人头发、皮肤和衣服上散发出来的较弱的气味。香水或者别的较浓的气味可以在 2～3 m 感觉到。超过这一距离，人就只能嗅出很浓烈的气味。

视觉具有更大的工作范围。人们可以看见天上的星星，也可以清楚地看见已听不到声音的飞机。但是，就感受他人来说，视觉与别的知觉一样也有明确的局限。在 0.5～1 km 的距离之内，人们根据背景、光照可以看见和辨别出人；在大约 100 m 处，就可以分辨出具体的人；在 70～100 m 处，就可以比较有把握地确认一个人的性别、大概的年龄以及这个人在干什么；在 30 m 处能看到面部特征、发型和年纪；在 20～25 m 处，能看清人的面部表情和心绪。

视觉、听觉、触觉等方面的问题也很多，不难想象，研究这些问题，找出其中的规律，对于确定室内外环境的各种条件（如色彩配置、景物布局、温度、湿度、声学要求等）都是绝对必需的。

1.2.4 人体工程学与住宅室内设计的基本要求

家具的布置方式和布置密度并不是随意的，在摆设家具时，必须为人们留出最基本的活动空间。如人们在坐位上的坐、起等动作不能发生拥挤与磕碰，开门窗时不会发生碰撞家具等情况。下面所述的就是各种室内活动所需空间的基本尺度要求，在布置家具时，必须尽可能地予以保证，否则，将会给人的生活带来不便或使人产生不舒适的感觉。

1）两个较高家具之间（例如书柜和书桌之间），一般应有 600～750 mm 的间隔。

2）两个矮家具之间（例如茶几与沙发之间），一般需要 450 mm 的距离。

3）双人床的两侧，均应留有 400～600 mm 的空间，以保证上下床和整理被褥方便。

4）当坐椅椅背置于房间的中部时，它与墙面（椅后的其他物体）间的距离应大于 700 mm，否则在出入座位时会感到不便。若座位后还要考虑他人的过往，则在人就座后的椅位与墙面之间应留有 610 mm 的距离。倘若过往的人需端着器物穿行，则此距离需加至 780 mm，只留 400 mm，仅可供人侧身通行。

5）向外开门的柜橱及壁柜前，应留出 900 mm 左右的空间。如果柜前的空间不够宽敞，而人们又常在此活动，采用推拉门可能是较好的解决办法。

6）当采用折叠式家具（也可能是多功能的）时，如沙发床、折叠桌等，应备有与家具扩充部分展开面积相适应的空间。

7）若人体的平均身高以 1.7 m 计算，则 1.7 m 以上的柜就不宜放常用物品了。而当柜高达到 2 m 以上时，则需借助外物才能顺利地取用物品了。

8）我国女子的平均身高约为 1.6 m，因此，厨房中工作台面的高度，以定在800 mm 左右为宜。

9）站在柜架前操作时，需要 600 mm 左右的空间，而当人蹲在柜架前操作时，则需有 800 mm 左右的空间才够用。

由此可见，人们在室内活动所需的基本空间尺寸不能忽视，在安排布置家具时，应参考以上提供的数据，尽可能予以保证。但十分遗憾的是，就目前国内绝大多数家庭的居住条件来说，无法做到摆放每一件（组）家具均考虑按要求提供所需的活动空间尺寸。这就提出了如何重复利用这些活动空间的问题，即涉及了家具布置的技巧。如就一张写字台、一把坐椅、一个单人沙发的组合而言，若用三种不同的方法布置，则会出现该组家具的实际占地面积各不相同的结果。

1.3　室内设计制图的要求及规范

1.3.1　图纸幅面

图纸幅面是指绘制图样所用图纸的大小，绘制图样时应优先采用表中规定的基本幅面（见表 1-1）。表中 B、L 分别表示图纸的短边和长边，a、c 分别为图框线到画幅边缘之间的距离。

表 1-1　图幅尺寸

单位：mm

尺寸	幅面代号				
	A0	A1	A2	A3	A4
$B \times L$	541×1 189	594×841	420×594	297×420	210×297
c	10			5	
a	25				

图纸短边不得加长，长边可加长，加长尺寸应符合表中的规定（见表 1-2）。

表 1-2　图纸长边加长尺寸

单位：mm

幅画代号	长边尺寸	长边加长后尺寸
A0	1 189	1 486、1 635、1 783、1 932、2 080、2 230、2 378
A1	841	1 051、1 261、1 471、1 682、1 892、2 102
A2	594	743、891、1 041、1 189、1 338、1 486、1 635、1 783、1 932、2 080
A3	420	630、841、1 051、1 261、1 471、1 682、1 892

1.3.2　比例

比例是指图样中的图形与所表示的食物相应要素的线性尺寸之比。比例应以阿拉伯数字表示，宜写在图名的右侧，字高应比图名字高小一号或两号。一般情况下，应优先选用表中的比例（见表 1-3）。

表 1-3　绘图用的比例

常用比例	1：1　1：2　1：5　1：25　1：50　1：100　1：200
	1：500　1：1 000　1：2 000　1：5 000　1：10 000
可用比例	1：3　1：15　1：60　1：150　1：3 000　1：4 000
	1：600　1：1 500　1：2 500　1：3 000　1：4 000　1：6 000

1）平面图：1：50、1：100 等。
2）立面图：1：20、1：30、1：50、1：100 等。
3）顶棚图：1：50、1：100 等。
4）构造详图：1：1、1：2、1：5、1：10、1：20 等。

1.3.3　图框格式

图框格式可分为两种：一种是留有装订边，另一种是不留装订边。同一类型的图纸只能采用同一种格式，并均应画出图框线和标题栏。如图 1-14 所示为留有装订边的图框格式，图 1-15 所示为不留装订边的图框格式。

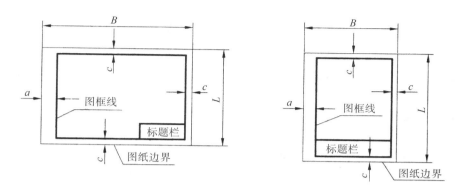

图 1-14　留有装订边的图框格式

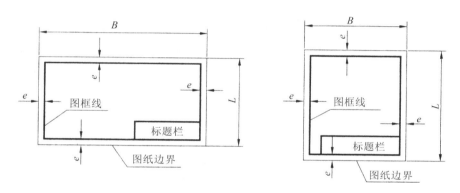

图 1-15　不留装订边的图框格式

图框线用粗实线绘制，一般情况下，标题栏位于图纸右下角，也允许位于图纸右上角。标题栏中文字书写方向即为看图方向。

图签即图纸的图标栏，它包括设计单位名称、工程名称、签字区、图名区及图号区等内容。图签格式如表 1-4 所示。如今不少设计单位采用自己设计的图签格式，但是仍必须包括这几项内容。

表 1-4　图签格式

设计单位名称	工程名称区	图号区
签字区	图名区	

会签栏是为各工种负责人审核后签名用的表格，它包括专业、姓名、日期等内容，具体内容根据需要设置，下表为其中一种格式，对于不需要会签的图样，可以不设此栏（见表 1-5）。

表1-5　会签栏格式

（专业）	（实名）	（签名）	（日期）

1.3.4　图线

图样中为了表示不同内容，并分清主次，必须使用不同线型和线宽的图形线，常用的基本线型有粗实线、细实线、虚线、点画线、波浪线和双点画线，其应用如表1-6所示。

表1-6　基本线型及应用

图线名称	图线型式	图线宽度/mm	一般应用
粗实线	——	$d=0.13\sim2.0$	可见轮廓线，可见过渡线
细实线	——	$0.5d$	尺寸线及尺寸界线；剖面线；重合断面的轮廓线；分别线及范围线；弯折线；辅助线
波浪线	～～	$0.5d$	断裂处的边界线，视图和剖视的分界线
双折线	—〤—	$0.5d$	断裂处的边界线；视图和剖视的分界线
虚线	- - - - -	$0.5d$	不可见轮廓线；不可见过渡线
细点画线	— · — ·	$0.5d$	轴线；对称中心线；轨迹线
粗点画线	— · — ·	d	有特殊要求的线或表面的表示线
双点画线	— ·· — ··	$0.5d$	极限位置的轮廓线；试验或工艺用结构的轮廓线、中断线

1.3.5　文字说明

在一幅完整的图样中，用图线方式表现得不充分和无法用图线表示的地方，就需要进行文字说明，如材料名称、构配件名称、构造做法、统计表及图名等。文字说明是图样内容的重要组成部分，制图规范对文字标注中的字体、字的大小、字体字号搭配等方面作了一些具体规定。

1）一般原则：字体端正、排列整齐、清晰准确、美观大方，避免过于个性化的文字标注。

2）字体：一般标注推荐采用仿宋字，标题可用楷体、隶书、黑体字等。

3）字的大小：标注的文字高度要适中。同一类型的文字采用同一大小的字号。较大的字用于较概括性的说明内容，较小的字用于较细致的说明内容。

4）字体及大小的搭配注意体现层次感。

1.3.6　尺寸标注

在图样中除了按比例正确地画出物体的图形外，还必须标出完整的实际尺寸，施工时应以图样上所标注的尺寸为依据，与所绘图形的准确度无关，更不得从图形上量取尺寸作为施工的依据。

图样上的尺寸单位，除了另有说明外，均以毫米（mm）为单位。

图样上一个完整的尺寸一般包括尺寸线、尺寸界线、尺寸箭头、尺寸文字四个部分，如图 1-16 所示。

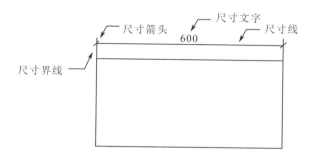

图 1-16　尺寸标注

尺寸线：尺寸线用细实线绘制，不得用其他图线代替，尺寸线一般必须与所注尺寸的方向平行，但在圆弧上标注半径尺寸时，尺寸线应通过圆心。

尺寸界线：尺寸界线一般也用细实线绘制，且与尺寸线垂直，末端约超出尺寸线外2 mm，在某些情况下，也允许以轮廓线及中心线为尺寸界线。

尺寸箭头：尺寸箭头一般采用与尺寸界线成顺时针倾斜 45° 的中粗短线或细实线表示，长度宜为 2～3 mm，在某些情况下，例如标注圆弧半径时，可用箭头作为起止符号。

尺寸文字：徒手书写的尺寸数字不得小于 2.5 号，注写尺寸数字时应在尺寸线的上方。

在对室内设计图进行标注时，还要注意以下原则：

1）尺寸标注应力求准确、清晰、美观大方。同一张图样中，标注风格应保持一致。

2）尺寸线应尽量标注在图样轮廓线以外，从小到大的尺寸由内至外依次标注，不能将大尺寸标注在内，而小尺寸标注在外。

3）最内一道尺寸线与图样轮廓线之间的距离不应小于 10 mm，两道尺寸线之间的距离一般为 7～10 mm。

4）尺寸界线朝向图样的端头距图样轮廓的距离不应小于 2 mm，不宜直接与之相连。

5）在图线拥挤的地方，应合理安排尺寸线的位置，但不宜与图线、文字及符号相交；可以考虑将轮廓线用作尺寸界线，但不能作为尺寸线。

6）对于连续相同的尺寸，可以采用"均分"或"（EQ）"字样代替。

1.3.7　常用图示标志

1. 详图索引符号及详图符号

室内平面图、立面图、剖面图中，在需要另设详图表示的部位，标注一个索引"｜"符号，以表明该详图的位置，这个索引符号就是详图的索引符号。详图索引符号采用细实线绘制，A0、A1、A2图幅索引符号的圆直径为12 mm，A3、A4图幅索引符号的圆直径为10 mm。

详图符号即详图的编号，用粗实线绘制，圆直径为14 mm，如图1-17所示。

图1-17　详图符号

2. 引出线

引出线可用于详图符号、标高等符号的索引"｜"，箭头圆点直径为3 mm，圆点尺寸和引线宽度可根据图幅及图样比例调节，引出线在标注时应保证清晰、规律，在满足标注准确、齐全功能的前提下，尽量保证图面美观。

常见的几种引出线标注方式如图1-18所示。

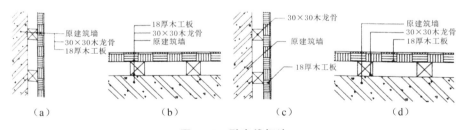

图1-18　引出线标注

3. 立面指向符

在房屋建筑中，一个特性的室内空间领域总存在竖向分隔来界定的。因此，根据具体情况，就有可能出现绘制一个或多个立面来表达隔断、墙体及家具、构配件的设计情况。立面索引符号标注在平面图中，包括视点位置、方向和编号三个信息，建立平面图和室内立面图之间的联系。立面索引指向符号的形式如图1-19所示，图中立面图编号可用英文字母或阿拉伯数字表示，黑色的箭头指向表示立面的方向；图1-19（a）为单向内视符号，图1-19（b）为双向内视符号，图1-19（c）为四向内视符号。

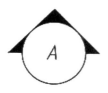

（a）单向内视符号　　　　　　（b）双向内视符号　　　　　　（c）四向内视符号

图 1-19　立面索引指向符号

室内设计常用符号如表 1-7 所示。

表 1-7　室内设计常用符号图例

符　　号	说　　明	符　　号	说　　明
3.600 ▽ / 3.600 ▽	标高符号，线上数字为标高值，单位为 m；下面一种在标注位置比较拥挤时采用		楼板开方孔
	单扇平开门		子母门
	双扇平开门		卷帘门
	旋转门		单扇双向弹簧门
	单扇推拉门		双扇推拉门
	窗		首层楼梯
	顶层楼梯		中间层楼梯

1.3.8 常用的材料图例

室内设计图中经常应用材料图例来表示材料，在无法用图例表示的地方则采用文字注释，表中为常用的材料图例（见表1-8）。

表 1-8 常用的材料图例

材料图例	说　明	材料图例	说　明
	丢石砌体		普通砖
	石材		空心砖
	钢筋混凝土		金属
	混凝土		玻璃
	多孔材料		防水材料。可根据绘图比便选择上、下两种
	木材		液体，须注明液体名称

1.4 室内设计制图的内容

一套完整的室内设计图包括施工图和效果图。

1.4.1 施工图和效果图

装饰施工图完整、详细地表达了装饰的结构、材料构成及施工的工艺技术要求等，它是木工、油漆工、水电工等相关施工人员进行施工的依据，具体指导每个工种、工序的施工。装饰施工图要求准确翔实，一般使用 AutoCAD 进行绘制。如图 1-20 所示为施工图中的平面平置图。设计效果图是在施工图的基础上，把装修后的结果用彩色透视图的形式表现出来，以便对装修进行评估，如图 1-21 所示。

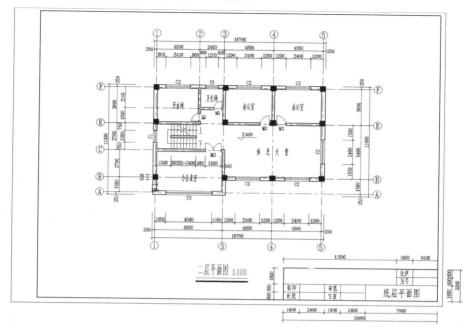

图 1-20　施工图的平面平置图

图 1-21　效果图

效果图一般使用 3D Max 绘制，它根据施工图的设计进行建模、编辑材质、设置灯光和渲染，最终得到一张彩色图像。效果图反映的是装修的用材、家具布置和灯光设计的综合效果，由于是三维透视彩色图像，没有任何装修专业知识的普通业主也可以轻易地看懂设计方案，了解最终的装修效果。

1.4.2　施工图的分类

施工图可以分为立面图、剖面图和节点图三种类型。

施工立面图是室内墙面与装饰物的正投影图,它标明了室内的标高,顶棚装修的尺寸及梯次造型的相互关系尺寸,墙面装饰的式样及材料、位置尺寸,墙面与门、窗、隔断的高度尺寸,墙与顶、地的衔接方式等。

剖面图是将装饰面剖切,以表达结构构成的方式、材料的形式和主要支承构件的相互关系等。剖面图标注有详细尺寸,工艺做法及施工要求。

节点图是两个以上装饰面的汇交点,按垂直或水平方向切开,以标明装饰面之间的对接方式和固定方法。节点图应详细表现出装饰面连接处的构造,注有详细的尺寸和收口、封边的施工方法。

1.4.3 施工图的组成

一套完整的室内设计施工图包括原始房型图、平面布置图、顶棚平面图、地材图、电气图、给水排水图、主要空间和构件立面图等。

1. 原始房型图

在经过实地量房之后,设计师需要将测量结果用图纸表示出来,包括房型结构、空间关系、尺寸等,这是室内设计绘制的第一张图,即原始房型图。其他专业的施工图都是在原始房型图的基础上进行绘制的,包括平面布置图、顶棚图、地材图、电气图等。

2. 平面布置图

平面布置图是室内装饰施工图中的关键性图样。它是在原建筑结构的基础上,根据业主的要求和设计师的设计意图,对室内空间进行详细的功能划分和室内设施定位。

3. 地材图

地材图是用来表示地面做法的图样,包括地面用材和形式。其形成方法与平面布置图相所不同的是地面平面图不需绘制室内家具,只需绘制地面所使用的材料和固定于地面的设备与设施图形。

4. 电气图

电气图主要用来反映室内的配电情况,包括配电箱规格、型号、配置以及照明、插座开关等线路的铺设方式和安装说明等。

5. 顶棚平面图

顶棚平面图主要用来表示顶棚的造型和灯具的布置,同时也反映了室内空间组合的标高关系和尺寸等。其内容主要包括各种装饰图形、灯具、说明文字、尺寸和标高。有时为了更详细地表示某处的构造和做法,还需要绘制该处的剖面详图。与平面布置图一样,顶棚平面图也是室内装饰设计图中不可缺少的图样。

6．主要空间和构件立面图

立面图是一种与垂直界面平行的正投影图，它能够反映垂直界面的形状、装修做法和其上的陈设，是一种很重要的图样。分、立面图所要表达的内容为四个面（左右墙、地面和顶棚）所围合成的垂直界面的轮廓和轮廓里面的内容，包括按正投影原理能够投影到画面上的所有构配件，如门、窗、隔断和窗壁饰、灯具、家具、设备与陈设等。

7．给水排水图

家庭装潢中，管道有给水（包括热水和冷水）和排水两个部分。给水排水施工图就是用于描述室内给水和排水管道、开关等用水设施的布置和安装情况的。

本书按照室内设计的流程，依次介绍各个设计施工图的绘制方法。

1.5　室内装饰设计欣赏

1.5.1　公共建筑空间室内设计效果欣赏

公共建筑空间室内设计效果图如图 1-22～图 1-31 所示。

图 1-22　室内设计效果 1

图 1-23　室内设计效果 2

图 1-24　室内设计效果 3

图 1-25　室内设计效果 4

图 1-26　室内设计效果 5

图 1-27　室内设计效果 6

图 1-28　室内设计效果 7

图 1-29　室内设计效果 8

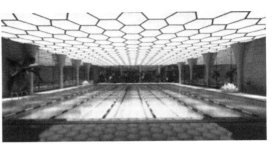

图 1-30　室内设计效果 9

图 1-31　室内设计效果 10

1.5.2　住宅建筑空间室内装修效果欣赏

住宅建筑空间室内装修效果图如图 1-32 和图 1-33 所示。

图 1-32　室内装修效果 1

图 1-33　室内装修效果 2

第2章
AutoCAD 2018入门知识

内容简介：

　　本章学习AutoCAD 2018绘图的基本知识，了解如何设置操作环境，熟悉创建新的图形文件、打开已有文件的方法等，学习控制图形显示、命令调用、图形绘制，为进入系统学习做好准备。

内容要点：

　　AutoCAD 2018操作环境介绍

　　AutoCAD 2018文件管理与保存

　　AutoCAD 2018精确绘制图形

2.1 AutoCAD 2018 操作环境简介

操作环境是指和 AutoCAD 2018 软件相关的操作界面、绘图系统设置等一些涉及软件最基本的界面和参数。本节将进行简要介绍。

2.1.1 AutoCAD 2018 操作界面简介

AutoCAD 2018 操作界面是 AutoCAD 显示、编辑图形的区域，一个完整的草图与注释操作界面如图 2-1 所示，包括标题栏、菜单栏、功能区、绘图区、十字光标、导航栏、坐标系图标、命令行窗口、状态栏、布局标签和快速访问工具栏等。

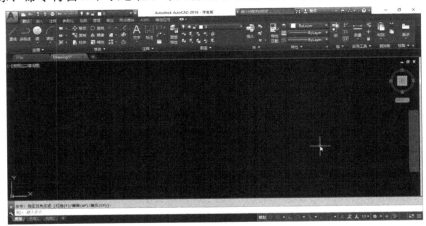

图 2-1　AutoCAD 2018 操作界面

2.1.2 操作环境设置

1. 标题栏

AutoCAD 2018 中文版操作界面的最上端是标题栏。其中显示了系统当前正在运行的应用程序和用户正在使用的图形文件（在第一次启动 AutoCAD 2018 时，标题栏中将显示 AutoCAD 2018 在启动时创建并打开的图形文件 Drawing.dwg）。

轻松动手学

设置"明"界面

具体操作步骤如下：

1）在绘图区中点击鼠标右键，打开快捷菜单，选择"选项"命令，如图 2-2 所示。

2）打开"选项"对话框，选择"显示"选项卡，将"窗口元素"选项组的"配色方案"中设置为"明"，如图 2-3 所示，单击"确定"按钮退出，设置后的效果如图 2-4 所示。

图 2-2　快捷菜单

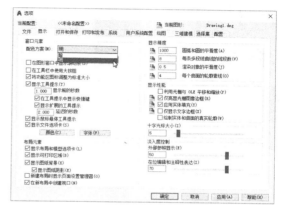

图 2-3　"选项"对话框

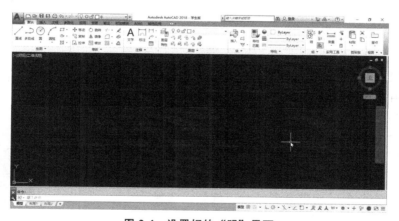

图 2-4　设置好的"明"界面

2. 菜单栏

同其他 Windows 程序一样，AutoCAD 2018 的菜单也是下拉形式并包含子菜单。AutoCAD 2018 的菜单栏中包含 12 个菜单："文件""编辑""视图""插入""格式""工具""绘图""标注""修改""参数""窗口""帮助"，这些菜单几乎包含了 AutoCAD 2018 的所有绘图命令，后面的章节将对这些菜单功能进行详细的讲解。

轻松动手学

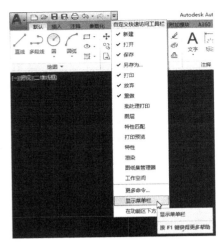

图2-5　下拉菜单

设置菜单栏

具体操作步骤如下：

1）单击 AutoCAD 2018 快速访问工具栏右侧三角形，在打开的下拉菜单中选择"显示菜单栏"命令，如图 2-5 所示。

2）调出的菜单栏位于界面的上方，如图 2-6 所示。

3）在下拉菜单中选择"隐藏菜单栏"命令，则关闭菜单栏。

图 2-6　菜单栏显示界面

AutoCAD 2018 下拉菜单中的命令有三种：

（1）带有子菜单的菜单命令。

这种类型的菜单命令后面带有小箭头。例如，选择菜单栏中的"绘图"→"圆"命令，系统就会进一步显示出"圆"子菜单中所包含的命令，如图 2-7 所示。

（2）打开对话框的菜单命令。

这种类型的命令后面带有省略号。例如，选择菜单栏中的"格式"→"表格样式…"命令，如图 2-8 所示，系统就会打开"表格样式"对话框，如图 2-9 所示。

（3）直接执行操作的菜单命令。

这种类型的命令后面既不带小箭头，也不带省略号，选择该命令将直接进行相应的操作。例如，选择菜单栏中的"视图"→"重画"命令，系统将刷新所有视口。

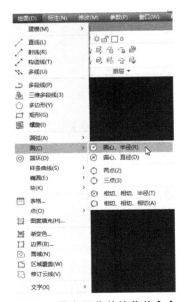

图 2-7　带有子菜单的菜单命令

图 2-8　带有子菜单的菜单命令

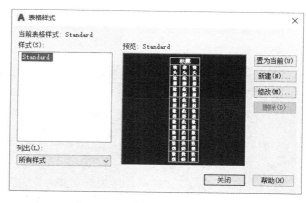

图 2-9　"表格样式"对话框

3. 工具栏

工具栏是一组按钮工具的集合。

轻松动手学

设置工具栏

具体操作步骤如下：

1）选择菜单栏中的"工具"→"工具栏"→"AutoCAD"命令，单击一个未在界面中显示的工具栏的名称，如图 2-10 所示，系统将自动在界面中打开该工具栏；反之，则关闭工具栏。

2）把光标移动到某个按钮上，稍停片刻即在该按钮的一侧显示相应的功能提示，此时，单击按钮就可以启动相应的命令。

3）工具栏可以在绘图区浮动显示，如图 2-11 所示，此时显示该工具栏标题。若关闭该工具栏，可以拖动浮动工具栏到绘图区边界，使其变为固定工具栏，此时该工具栏标题隐藏。也可以把固定工具栏拖出，使其成为浮动工具栏。

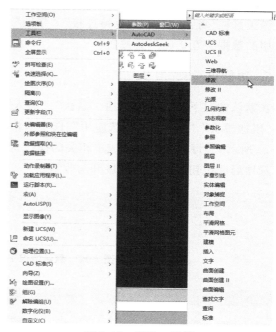

图 2-10　调出工具栏

有些工具栏按钮的右下角带有一个小三角形，单击这类按钮会打开相应的工具栏，将光标移动到某一按钮上并单击，该按钮就变为当前显示的按钮。单击当前显示的按钮，即可执行相应的命令。

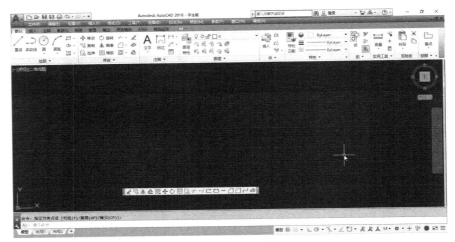

图 2-11　浮动工具栏

4. 快速访问工具栏和交互信息工具栏

（1）快速访问工具栏。

该工具栏包括"新建""打开""保存""另存为""打印""放弃""重做""工作空间"等常用的工具。用户也可以单击此工具栏后面的下拉按钮选择需要的常用工具。

（2）交互信息工具栏。

该工具栏包括"搜索""保持连接""帮助""Autodesk A360""Autodesk App Store"等常用的数据交互访问工具按钮。

5. 功能区

在默认情况下，功能区包括"默认""插入""注释""参数化""视图""管理""输出""附加模块""A360""精选应用"选项卡，如图 2-12 所示（所有的选项卡显示面板如图 2-13 所示）。每个选项卡集成了相关的操作工具，方便了用户的使用。用户可以单击功能区选项后面按钮控制功能的展开与收缩。

图 2-12　默认情况下出现的选项卡

图 2-13　所有选项卡

执行方式如下：

命令行：RIBBON/RIBBONCLOSE。

菜单栏：选择菜单栏中的"工具"→"选项板"→"功能区"命令。

轻松动手学

设置功能区

具体操作步骤如下：

1）在面板中任意位置处右击，在打开快捷菜单中选择"显示选项卡"命令，如图2-14所示。单击某一个未在功能区显示的选项卡名，则系统自动在功能区打开该选项卡；反之，关闭选项卡（调出面板的方法与调出选项板的方法类似，这里不再赘述）。

2）面板可以在绘图区"浮动"（见图 2-15），将光标放到浮动面板的右上角，显示"将面板返回到功能区"注释信息，如图 2-16 所示，单击此处，使其变为固定面板。也可以把固定面板拖出，使其成为"浮动"面板。

图 2-14　快捷菜单

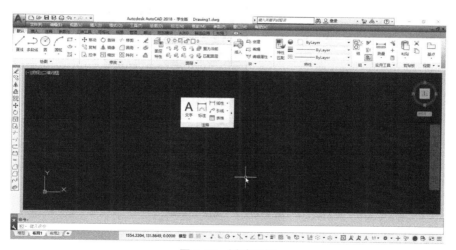

图 2-15　浮动面板

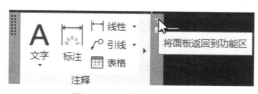

图 2-16　"注释"信息

6. 绘图区

绘图区是指在标题栏下方的大片空白区域，主要用于绘制图形。用户要完成一幅设计图形，其主要工作都是在绘图区中完成。

7. 坐标系图标

在绘图区的左下角，有一个箭头指向的图标，称为坐标系图标，表示用户绘图时正使用的坐标系样式。坐标系图标的作用是为点的坐标确定一个参照系。根据工作需要，用户可以选择将其关闭。

执行方式如下：

命令行：UCSICON。

菜单栏：选择菜单栏中的"视图"→"显示"→"UCS 图标"→"开"命令，如图2-17 所示。

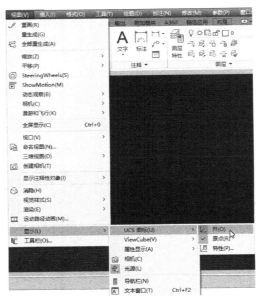

图 2-17　"视图"菜单

8. 命令行窗口

命令行窗口是输入命令名和显示命令提示的区域，默认命令行窗口布置在绘图区下方，由若干文本行构成。对命令行窗口有以下几点需要说明：

1）移动拆分条，可以扩大或缩小命令行窗。

2）可以拖动命令行窗口，布置在绘图区的其他位置。默认情况是在图形区的下方。

3）对当前命令行窗口中输入的内容，可以按"F2"键用文本编辑的方法进行编辑，如图 2-18 所示。AutoCAD 文本窗口和命令行窗口相似，可以显示当前 AutoCAD 进程中命令的输入和执行过程。在执行 AutoCAD 的某些命令时，会自动切换到文本窗口，列出有关信息。

4）AutoCAD 通过命令行窗口反馈各种信息，也包括出错信息，因此，用户要时刻关注在命令行窗口中出现的信息。

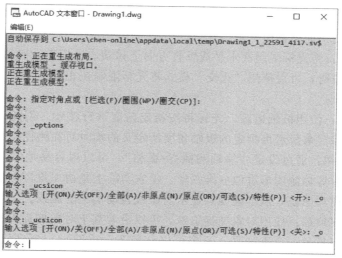

图 2-18 文本菜单

9. 状态栏

状态栏显示在屏幕的底部（见图 2-19），依次有"坐标""模型空间""栅格""捕捉模式""推断约束""动态输入""正交模式""极轴追踪""等轴测草图""对象捕捉追踪""二维对象捕捉""线宽""透明度""选择循环""三维对象捕捉""动态 UCS""选择过滤""小控件""注释可见性""自动缩放""注释比例""切换工作空间""注释监视器""单位""快捷特性""锁定用户界面""隔离对象""硬件加速""全屏显示""自定义"这 30 个功能按钮。单击部分开关按钮，可以实现这些功能的开关。通过部分按钮也可以控制图形或绘图区的状态。

在默认情况下，不会显示所有工具，可以通过状态栏上最右侧的按钮，选择要从"自定义"菜单显示的工具。状态栏上显示的工具可能会发生变化，具体取决于当前的工作空间以及当前显示的是"模型"还是"布局"。下面对状态栏上的按钮做简单介绍。

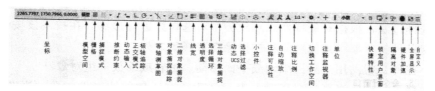

图 2-19 状态栏

1）坐标：显示工作区鼠标放置点的坐标。

2）模型空间：在模型空间与布局空间之间进行转换。

3）栅格：栅格是由覆盖整个坐标系（UCS）XY 平面的直线或点组成的矩形图案。使用栅格类似于在图形下放置一张坐标纸，利用栅格可以对齐对象并直观显示对象之间的距离。

4）捕捉模式：对象捕捉对于在对象上指定精确位置非常重要，不论何时提示输入点，

都可以指定对象捕捉，在默认情况下，当光标移到对象的对象捕捉位置时，将显示标记和工具提示。

5）推断约束：自动在正在创建或编辑的对象与对象捕捉的关联对象或点之间应用约束。

6）动态输入：在光标附近显示出一个提示框（称之为"工具提示"），显示出对应的命令提示和光标的当前坐标值。

7）正交模式：将光标限制在水平或垂直方向上移动，以便于精确地创建和修改对象。当创建或移动对象时，可以使用"正交"模式将光标限制在相对于用户坐标系（UCS）的水平或垂直方向上。

8）极轴追踪：使用极轴追踪，光标将按指定角度进行移动。创建或修改对象时，可以使用"极轴追踪"来显示由指定的极轴角度所定义的临时对齐路径。

9）等轴测草图：通过设定"等轴测捕捉/栅格"，可以很容易地沿 3 个等轴测平面之一对齐对象。尽管等轴测图形看似三维图形，但它实际上是由二维图形表示的，因此不能期望提取三维距离和面积，从不同视点显示对象或自动消除隐藏线。

10）对象捕捉追踪：使用对象捕捉追踪，可以沿着基于对象捕捉点的对齐路径进行追踪，已获取的点将显示一个小加号（最多可以获取 7 个追踪点），获取点之后，在绘图路径上移动光标，将显示相对于获取点的水平、垂直或极轴对齐路径。例如，可以基于对象起点、中点或者对象的交点，沿着某个路径选择一点。

11）二维对象捕捉：使用执行对象捕捉设置（也称为对象捕捉），可以在对象上的精确位置指定捕捉点，选择多个选项后，将应用选定的捕捉模式，以返回距离靶框中心最近的点。按"Tab"键在这些选项之间循环。

12）线宽：分别显示对象所在图层中设置的不同宽度，而不是统一线宽。

13）透明度：使用该命令，调整绘图对象显示的明暗程度。

14）选择循环：当一个对象与其他对象彼此接近或重叠时，准确地选择某一个对象是很困难的，使用选择循环的命令，单击鼠标左键，弹出"选择集"列表框，里面列出了鼠标点击周围的图形，然后在列表中选择所需的对象。

15）三维对象捕捉：三维中的对象捕捉与在二维中工作的方式类似，不同之处在于在三维中可以投影对象捕捉。

16）动态 UCS：在创建对象时使 UCS 的 XY 平面自动与实体模型上的平面临时对齐。

17）选择过滤：根据对象特性或对象类型对选择集进行过滤，在按下该按钮后，只选择满足指定条件的对象，其他对象将被排除在选择集之外。

18）小控件：帮助用户沿三维轴或平面移动、旋转或缩放一组对象。

19）注释可见性：当图标变亮时，表示显示所有比例的注释性对象；当图标变暗时，表示仅显示当前比例的注释性对象。

20）自动缩放：注释比例更改时，自动将比例添加到注释对象。

21）注释比例：单击注释比例右下角小三角符号弹出注释比例列表，可以根据需要选择适当的注释比例。

22）切换工作空间：进行工作空间转换。

23）注释监视器：打开仅用于所有事件或模型文档事件的注释监视器。

24）单位：指定线性和角度单位的格式和小数位数。

25）快捷特性：控制快捷特性面板的使用与禁用。

26）锁定用户界面：按下该按钮，锁定工具栏、面板和可固定窗口的位置和大小。

27）隔离对象：当选择隔离对象时，在当前视图中显示选定对象，所有其他对象都暂时隐藏；当选择隐藏对象时，在当前视图中暂时隐藏选定对象所有其他对象都可见。

28）硬件加速：设定图形卡的驱动程序以及设置硬件加速的选项。

29）全屏显示：该选项可以清除 Windows 窗口中的标题栏、功能区和选项板等界面元素，使 AutoCAD 的绘图窗口全屏显示。

30）自定义：状态栏可以提供重要信息，而无须中断工作流，使用 MODEMACRO 系统变量可将应用程序所能识别的大多数数据显示在状态栏中，使用该系统变量的计算，判断和编辑功能可以完全按照用户的要求构造状态栏。

10. 布局标签

AutoCAD 系统默认设定一个"模型"空间和"布局 1""布局 2"两个图样空间布局标签，这里有两个概念需要解释一下。

1）布局。布局是系统为绘图设置的一种环境，包括图样大小、尺寸单位、角度设定、数值精确度等，在系统预设的 3 个标签中，这些环境变量都按默认设置。用户可以根据实际需要改变变量的值，也可设置符合自己要求的新标签。

2）模型。AutoCAD 的空间分模型空间和图样空间两种。模型空间是通常绘图的环境；而在图样空间中，用户可以创建浮动视口，以不同视图显示所绘图形，还可以调整浮动视口并决定所包含视图的缩放比例。如果用户选择图样空间，可打印多个视图，也可以打印任意布局的视图。AutoCAD 系统默认打开模型空间，用户可以通过单击操作界面下方的布局标签选择需要的布局。

11. 光标大小

在绘图区中，有一个作用类似光标的"十"字线，其交点坐标反映了光标在当前坐标系中的位置。在 AutoCAD 中，将该"十"字线称为十字光标。

AutoCAD 通过十字光标坐标值显示当前点的位置。十字光标的方向与当前用户坐标系的 XY 轴方向平行，其长度系统预设为绘图区大小的 5%，用户可以根据绘图的实际需要修改变大。

轻松动手学

设置光标大小

具体操作步骤如下：

1）选择菜单栏中的"工具"→"选项"命令，打开"选项"对话框。

2）选择"显示"选项卡，在"十字光标大小"文本框中直接输入数值，或拖动文本框后面的滑块，即可对十字光标的大小进行调整，如图 2-20 所示。

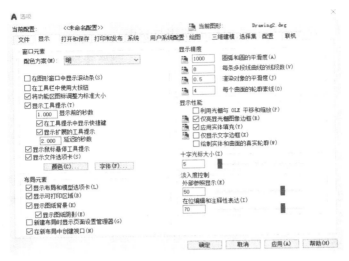

图 2-20　"显示"选项卡

设置绘图区的颜色

具体操作步骤如下：

在默认情况下，AutoCAD 的绘图区是黑色背景、白色线条，这不符合大多数用户的习惯，因此修改绘图区颜色是大多数用户都要进行的操作。

1）选择菜单栏中的"工具"→"选项"命令，打开"选项"对话框，选择如图 2-20 所示的"显示"选项卡，再单击"窗口元素"选项组中的"颜色"按钮，打开如图 2-21 所示的"图形窗口颜色"对话框。

2）在界面元素中选择要更换颜色的元素，这里选择"统一背景"元素，然后在"颜色"下拉列表中选择需要的窗口颜色，然后单击"应用并关闭"按钮，此时 AutoCAD 的绘图区就变换了背景颜色，通常按视觉习惯选择白色为窗口颜色。

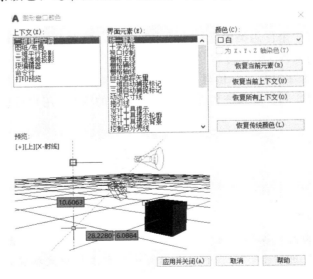

图 2-21　"图形窗口颜色"对话框

2.2 AutoCAD 2018 文件管理与保存

在 AutoCAD 中，图形文件的基本操作一般包括新建文件、保存文件、打开已有文件、输出文件和关闭文件等。

2.2.1 新建文件

在快速访问工具栏中单击"新建"按钮，或单击"应用程序"按钮，在弹出的菜单中选择"新建"命令，打开"选择样板"对话框，如图 2-22 所示。

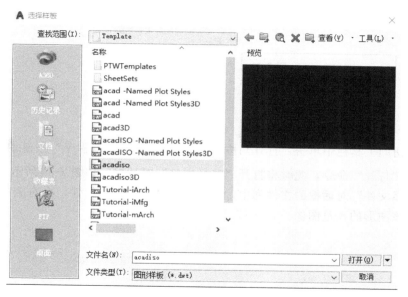

图 2-22 "选择样板"对话框

在"选择样板"对话框中，若要创建默认样板的图形文件，单击"打开"按钮即可。也可以在样板列表框中选择其他样板图形文件，在该对话框右侧的"预览"栏中可预览到所选样板的样式，选择合适的样板后单击"打开"按钮，即可创建新图形。

2.2.2 保存文件

在 AutoCAD 2018 中，可以使用多种方式将所绘图形以文件形式保存。在快速访问工具栏中单击"保存"按钮，或单击"应用程序"按钮，在弹出的菜单中选择"保存"命令，在第一次保存文件时，系统将弹出"图形另存为"对话框，如图 2-23 所示，在默认情况下文件格式与 AutoCAD 2018 相同，为"AutoCAD 2018 图形"（＊.dwg）格式保存，也可以在"文件类型"下拉列表框中选择其他格式。

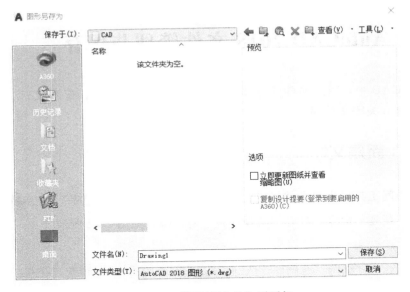

图 2-23   "图形另存为"对话框

2.2.3   打开已有文件

在快速访问工具栏中单击"打开"按钮 ☞ ，或单击"应用程序"按钮 **A**，在弹出的菜单中选择"打开"命令，此时将打开"选择文件"对话框，如图 2-24 所示。

在"选择文件"对话框的文件列中，选择需要打开的图形文件，在右侧的"预览"框中将显示出该图形的预览图像。

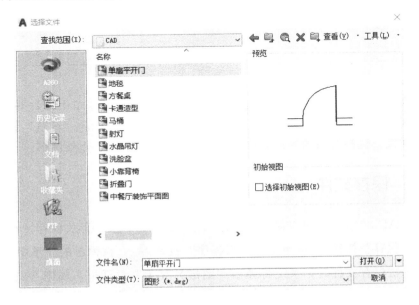

图 2-24   "选择文件"对话框

2.2.4　输出文件

单击"应用程序"按钮，在弹出的菜单中选择"输出"命令，打开输出数据列表，如图 2-25 所示，选择所需文件类型"三维 DWF"，弹出"输出三维 DWF"对话框，如图 2-26所示；或选择菜单栏"文件""输出""其他格式"命令，打开"输出数据"对话框，如图 2-27 所示，在"文件类型"下拉列表框中选择输出文件类型，在"文件名"文本框中输入保存文件名称，单击"保存"按钮，即可输出图形文件。

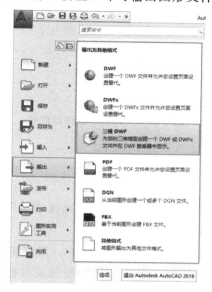

图 2-25　输出数据列表

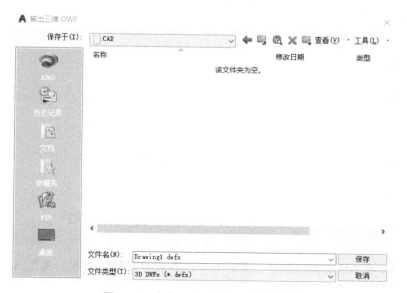

图 2-26　"输出三维 DWF"数据列表

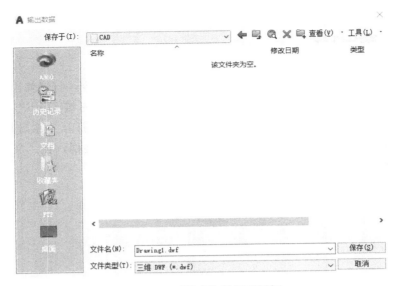

图 2-27 "输出"数据对话框

2.2.5 关闭文件

单击"应用程序"按钮![A], 在弹出的菜单中选择"关闭"命令, 或在绘图窗口中单击"关闭"按钮, 可以关闭当前图形文件。

执行"关闭"命令后, 如果当前图形没有保存, 系统将弹"AutoCAD"警告对话框询问是否保存文件, 如图 2-28 所示, 单击"是"按钮或直接按回车键, 可以保存当前图形文件并将其关闭; 单击"否"按钮, 可以关闭当前图形文件但不保存; 单击"取消"按钮, 取消关闭当前图形文件操作, 既不保存也不关闭。

图 2-28 "AutoCAD"警告对话框

2.3 AutoCAD 2018 控制图形的显示

在使用 AutoCAD 绘图过程中经常需要对视图进行平移、缩放、重生成等操作, 以方便观察视图并保持绘图的准确性。

2.3.1　视图缩放

图形的显示缩放命令可以调整当前视图大小，既能观察较大的图形范围，又能观察图形的细节，视图缩放不会改变图形的实际大小。

在 AutoCAD 中进行视图的缩放有以下几种常用方法：

1）鼠标：在"绘图区"内滚动鼠标滚轮进行视图缩放，这是最常用的方法。

2）菜单栏：选择"视图"→"缩放"菜单，在下级菜单中选择相应的命令，如图 2-29 所示。

3）导航栏：单击绘图窗口右侧导航栏中的缩放工具按钮，如图 2-30 所示。

4）命令行：在命令行输入"ZOOM/Z"并按回车键，根据命令行的提示，缩放图形。

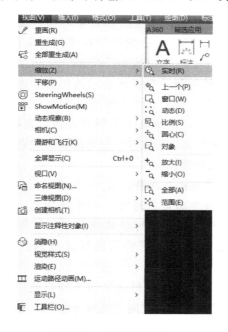

图 2-29　"缩放"菜单

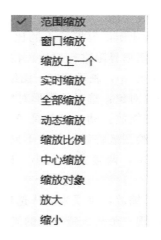

图 2-30　导航栏

各缩放方式的含义如下：

1）全部缩放：将最大化显示整个模型空间所有图形对象（包括绘图界限范围内、外的所有对象）和视觉辅助工具（如栅格）。

2）中心缩放：将进入中心缩放状态。要求先确定中心点，然后以该中心点为基点，整个图形按照指定的缩放比例（或高度）缩放。而这个点在缩放操作之后将成为新视图的中心点。

3）窗口缩放：这是 AutoCAD 最常用的缩放功能，通过确定矩形的两个角点，可以拉出一个矩形窗口，窗口区域的图形将放大到整个视图范围，如图 2-31 所示。

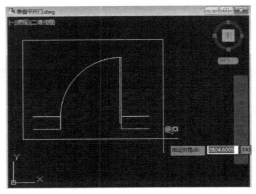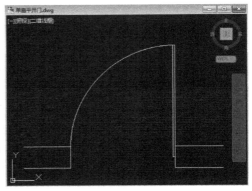

图 2-31　窗口缩放

4）范围缩放：实际制图过程中，通常模型空间的界限非常大，但是所绘制图形所占的区域又很小。缩放视图时如果使用显示全图功能，那么图形对象将会缩成很小的一部分。因此 AutoCAD 提供了范围显示功能，用来显示所绘制的所有图形对象的最大范围。选择"范围"备选项，可使用此功能。

5）缩放上一个：选择该备选项，可以恢复到前一个视图显示的图形状态。这也是一个常用的缩放功能。

6）缩放比例：根据输入的比例缩放图形，有 3 种输入比例的方法：直接输入数值，表示相对于图形界限进行缩放；在比例值后面加 x，表示相对于当前视图进行缩放；在比例值后面加上 xp，表示相对于图纸空间单位进行缩放。

7）缩放对象：选择的图形对象尽可能大地显示在屏幕。

8）动态缩放：动态缩放是 AutoCAD 的一个非常具有特色的缩放功能。使用"动态缩放"时，绘图区将显示几个不同颜色的方框，拖动鼠标移动当前"视区框"到所需位置，然后单击，调整方框大小，确定大小后按回车即可将当前视区框内的图形最大化显示。

9）实时缩放：该项为默认选项。执行"缩放"命令后直接回车即可使用该选项。在屏幕上会出现一个放大镜形状的光标，按住鼠标左键不放向上或向下移动，则可实现图形的放大或缩小。

2.3.2　图形平移

与缩放不同，平移命令不改变视图的显示比例，只改变显示范围。输入命令"PAN/P"，或按住鼠标中键，此时光标将变成小手形状 ✋ ，向不同方向拖动光标，当前视图的显示区域将随之实时平移。

2.3.3　重生成与重画

在 AutoCAD 中，某些操作完成后，操作效果往往不会立即显示出来，或者在屏幕上留下绘图的痕迹与标记。因此，需要通过视图刷新对当前图形进行重新生成，以观察到最新的编辑效果。

1. 重生成

重生成"REGEN"命令重新计算当前视区中所有对象的屏幕坐标并重新生成整个图形。它还重新建立图形数据库索引，从而优化显示和对象选择的性能。

启动"重生成"命令方式：REGEN/RE。

菜单方式："视图"→"重生成"命令。

另外，使用"全部重生成"命令不仅重生成当前视图中的内容，而且重生成所有视图中的内容。

启动"全部重生成"命令方式：REGENALL/REA。

菜单方式："视图"→"全部重生成"命令。

2. 重画

AutoCAD 用数据库以浮点数据的形式储存图形对象的信息，浮点格式精度高，但计算时间长。AutoCAD 重生成对象时，需要把浮点数值转换为适当的屏幕坐标。因此对于复杂图形重生成需要花很长的时间。

AutoCAD 提供了另一个速度较快的刷新命令——重画。重画只刷新屏幕显示；而重生成不仅刷新显示，还更新图形数据库中所有图形对象的屏幕坐标。

启动"重画"命令方式：REDRAW/RA。

菜单方式："视图"→"重画"命令。

在进行复杂的图形处理时，应当充分考虑到"重画"和"重生成"命令的不同工作机制，合理使用。"重画"命令耗时较短，可以经常使用以刷新屏幕。每隔一段较长的时间，或"重画"命令无效时，可以使用一次"重生成"命令，更新后台数据库。

2.4　AutoCAD 2018 命令调用方法

在 AutoCAD 中，菜单命令、面板按钮、工具栏按钮、命令和系统变量都是相互的。可以选择某一菜单，或单击某个工具按钮，或在命令行中输入命令和系统变量来执行相应命令。

2.4.1　使用鼠标操作

在绘图窗口中，光标通常显示为"十"字线形式。当光标移至菜单选项、工具或对话框内时，光标变成一个箭头。无论光标呈"十"字线形式还是箭头形式，当单击或按住鼠标键时，都会执行相应的命令或动作。在 AutoCAD 中，鼠标键是按照下述规则定义的。

1. 拾取键

拾取键通常指鼠标的左键，用户指定屏幕上的点，也可以用来选择 Windows 对象、AutoCAD 对象、工具按钮和菜单命令等。

2. 回车键

回车键是指鼠标右键，相当于"Enter"键，用于结束当前使用命令，此时系统将根据当前绘图状态弹出不同的快捷菜单。

3. 弹出菜单

当使用"Shift"键和鼠标右键的组合时，系统将弹出一个快捷菜单，用于设置捕捉对象。

2.4.2　使用键盘输入

在 AutoCAD 2018 中，大部分的绘图、编辑功能都是需要通过键盘输入来完成的。通过键盘可以输入命令、系统变量。此外，键盘还是输入文本对象、数值参数、点的坐标和进行参数选择的唯一方法。

2.4.3　使用命令行

在 AutoCAD 2018 中，默认情况下"命令行"是一个固定的窗口，可以在当前命令行提示下输入命令和对象参数等内容。对于大多数命令，"命令行"中可以显示执行完的两条命令提示，而对于一些输出命令，需要在"命令行"或"AutoCAD 文本窗口"中显示。

在"命令行"窗口中右键单击，AutoCAD 将显示一个快捷菜单，如图 2-32 所示。通过快捷菜单可以选择输入设置、输入搜索选项、剪切、复制、复制历史记录、粘贴、粘贴到命令行以及打开"选项"对话框。

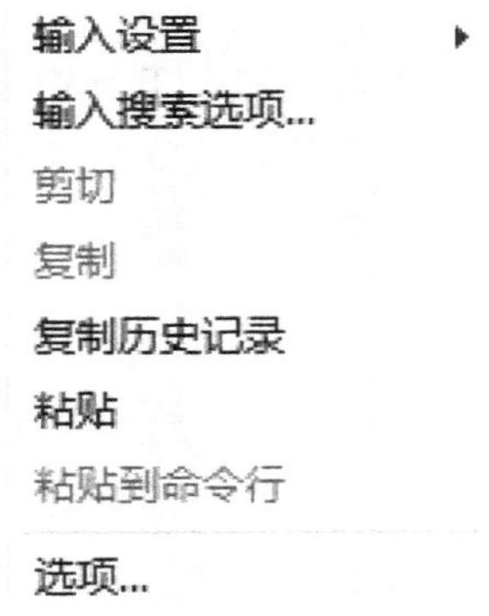

输入设置　　　　　▶

输入搜索选项...

剪切

复制

复制历史记录

粘贴

粘贴到命令行

选项...

图 2-32　命令行快捷菜单

在命令行中，还可以使用"Backspace"或"Delete"键删除命令行中的文字，也可以选中命令历史，并执行"粘贴到命令行"命令，将其粘贴到命令行中。

如果命令输入错误，不会再显示"未知命令"，而是会自动更正成最接近且有效的 AutoCAD 命令。例如，如果用户输入了"TABLE"，那就会自动启动"TABLE"命令。

另外，AutoCAD 2018 加入了更人性化的操作，直接在命令行中输入要填充的图案的名称并按回车键，就可以在绘图区拾取填充区域，对图形进行图案填充，这样更加方便快捷。

2.4.4　使用菜单栏

菜单栏几乎包含了 AutoCAD 中全部的功能和命令，使用菜单栏执行命令，只需单击菜单栏中的主菜单，在弹出的子菜单中选择要执行的命令即可。例如要执行绘制"多边形"命令，选择"绘图"→"多边形"命令，如图 2-33 所示。

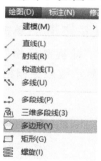

图 2-33　使用菜单执行绘制多边形命令

2.4.5　使用工具栏

大多数命令都可以在相应的工具栏中找到与其对应的图标按钮，单击该按钮即可快速执行 AutoCAD 命令。例如要执行"圆"命令，可以单击"绘图"工具栏中的"圆"按钮，再根据命令提示进行操作即可。

2.4.6　使用功能区

大多数命令都可以在相应的面板中找到与其对应的图标按钮，单击该按钮即可快速执行 AutoCAD 命令。例如要执行"阵列"命令，可以单击"修改"中的"阵列"按钮，再根据命令提示进行操作即可，如图 2-34 所示。

图 2-34　使用面板调用命令

2.5 AutoCAD 2018 精确绘制图形

在绘图过程中，为了精确地绘制图形，需要利用捕捉、追踪和动态输入等功能，来提高绘图效率。

2.5.1 栅格

栅格的作用如同传统纸面制图中使用的坐标纸，按照相等的间距在屏幕上设置了栅格点，使用者可以通过栅格点数目来确定距离，从而达到精确绘图目的。栅格不是图形的一部分，打印时不会被输出。

控制栅格是否显示，有以下两种常用方法：

1）单击状态栏"显示图形栅格"开关按钮 ▦。

2）选择状态栏"捕捉模式"开关按钮 ▦，单击鼠标右键，选择"捕捉设置"选项。在打开的"草图设置"对话框中选中"捕捉和栅格"选项卡，如图 2-35 所示，选中或取消"启用栅格"复选框，也可以控制显示或隐藏栅格。

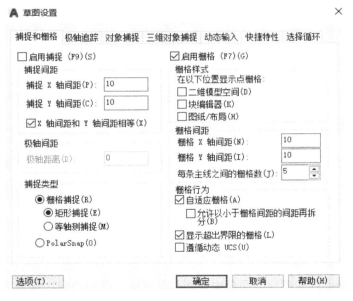

图 2-35 "捕捉和栅格"选项卡

在"栅格间距"选项组中，可以设置栅格点在 X 轴方向（水平）和 Y 轴方向（垂直）上的距离。

此外，在命令行输入"GRID"命令，也可以设置栅格的间距和控制栅格的显示，如图2-36所示。

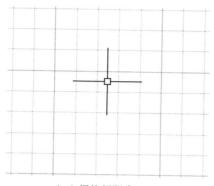

（a）栅格间距为100

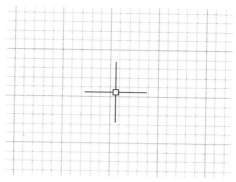

（b）栅格间距为10

图 2-36　设置栅格间距

2.5.2　捕捉功能

捕捉功能（不是对象捕捉）经常与栅格功能联用。当捕捉功能打开时，光标只能停留在栅格点上。这样，只能绘制出栅格间距整数倍的距离。

打开和关闭捕捉功能的方法如下：

1）连续按功能键"F9"，可以在开、关状态间切换。

2）单击状态栏中的"捕捉模式"开关按钮▦。

在 2-35 所示的"捕捉和栅格"选项卡中，设置捕捉属性的选项有：

1）"捕捉间距"选项组：可以设定 X 方向和 Y 方向的捕捉间距。

2）"捕捉类型"选项组：可以选择"栅格捕捉"和"PolarSnap（极轴捕捉）"两种类型。选择"栅格捕捉"时，光标只能停留在栅格点上，栅格捕捉又有"矩形捕捉"和"等轴测捕捉"两种样式。两种样式的区别在于栅格的排列方式不同。"等轴测捕捉"常常用于绘制轴测图。

2.5.3　正交

在室内设计绘图中，有相当一部分直线是水平或垂直的。针对这种情况，AutoCAD 提供了一个正交开关，以方便绘制水平或垂直直线。

打开和关闭正交开关的方法有：

1）连续按功能键"F8"，可以在开、关状态间切换。

2）单击状态栏"正交限制光标"开关按钮 ⌐。

正交限制光标开关打开以后，系统就只能画出水平或垂直的直线，如图 2-37 所示。由于正交功能已经限制了直线的方向，所以要绘制一定长度的直线时，只需直接输入长度值，而不再需要输入完整的相对坐标了。

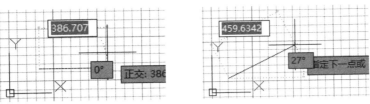

图 2-37　正交模式"开"和"关"的效果

2.5.4　对象捕捉

使用对象捕捉可以精确定位现有图形对象的特征点，例如直线的中点、圆的圆心等，从而为精确绘图提供了条件。

1. 对象捕捉的开关设置

根据实际需要，可以打开或关闭对象捕捉，有以下两种常用的方法：

1）功能键"F3"。连续按"F3"键，可以在开、关状态间切换。

2）单击状态栏中的"对象捕捉"开关按钮 。

输入命令"OSNAP"，打开"草图设置"对话框。单击"对象捕捉"选项卡，选中或取消"启用对象捕捉"复选框，也可以打开或关闭对象捕捉，但由于操作麻烦，在实际工作中并不常用。

启用对象捕捉后，将光标放在一个对象上，系统自动捕捉到对象上所有符合条件的几何特征点，并显示出相应的标记。如果光标放在捕捉点达 3 s 以上，则系统将显示捕捉的提示文字信息，如图 2-38 所示。

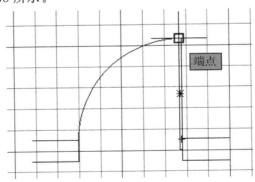

图 2-38　"对象捕捉"提示文字信息

2. 设置对象捕捉

在使用对象捕捉之前，需要设置好对象捕捉模式，也就是确定当探测到对象特征点时，哪些点捕捉，而哪些点可以忽略，从而避免视图混乱。对象捕捉模式的设置在如图 2-39 所示的"草图设置"对话框的"对象捕捉"选项卡中进行。

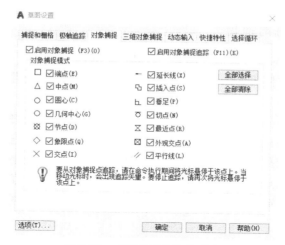

图 2-39　"对象捕捉"选项卡

对话框共列出了 14 种对象捕捉点和对应的捕捉标记。需要捕捉哪些对象捕捉点，就选中这些点前面的复选框。设置完毕后，单击"确定"按钮关闭对话框即可。

这些对象捕捉点的含义如表 2-1 所示。

表 2-1　对象捕捉点的含义

对象捕捉点	含义
端点	捕捉直线或曲线的端点
中点	捕捉直线或弧段的中间点
圆心	捕捉圆、椭圆或弧的中心点
节点	捕捉点对象、标注定义点或标注文字原点
几何中心	捕捉几何中心的中心也可称为是质心
象限点	捕捉位于圆、椭圆或弧段上 0°、90°、180°和 270°处的点
交点	捕捉两条直线或弧段的交点
延长线	捕捉直线延长线路径上的点
插入点	捕捉图块、标注对象或外部参照的插入点
垂足	捕捉从已知点到已知直线的垂线的垂足
切点	捕捉圆、弧段及其他曲线的切点
最近点	捕捉处在直线、弧段、椭圆或样条线上，而且距离光标最近的特征点
外观交点	在三维视图中，从某个角度观察两个对象可能相交，但实际并不一定相交，可以使用"外观交点"捕捉对象在外观上相交的点
平行线	选定路径上一点，使通过该点的直线与已知直线平行

3. 自动捕捉和临时捕捉

AutoCAD 提供了两种对象捕捉模式：自动捕捉和临时捕捉。

自动捕捉模式要求使用者先设置好需要的对象捕捉点，以后当光标移动到这些对象捕捉点附近时，系统就会自动捕捉到这些点。

临时捕捉是一种一次性的捕捉模式，这种捕捉模式不是自动的。当用户需要临时捕捉某些点时，需要在捕捉之前手工设置需要捕捉的特征点，然后进行对象捕捉。而且这种捕捉是一次性的，不能反复使用。在下一次遇到相同的对象捕捉点时，需要再次设置。

在命令行提示输入点的坐标时，如果要使用临时捕捉模式，可按"Shift"键＋鼠标右键，系统会弹出如图 2-40 所示的临时捕捉菜单。单击选择需要的对象捕捉点，系统将会捕捉到该点。

2.5.5 自动追踪

自动追踪可按指定角度绘制对象，或者绘制与其他对象有特定关系的对象。自动追踪功极轴追踪和对象捕捉追踪两种，是非常有用的辅助绘图工具。

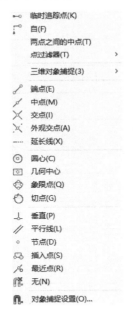

图 2-40 临时捕捉菜单

图 2-41 "极轴追踪"选项卡

1. 极轴追踪

极轴追踪是按事先给定的角度增量来追踪特征点。极轴追踪功能可以在系统要求指定一个点时，按预先设置的角度增量显示一条无限延伸的辅助线，这时就可以沿辅助线追踪得到光标点，可在"草图设置"对话框的"极轴追踪"选项卡对极轴追踪进行设置，如图2-41所示。

2. 对象捕捉追踪

对象捕捉追踪是对象捕捉与极轴追踪的综合，启用对象捕捉追踪之前，应先启用极轴追踪和自动对象捕捉，并根据绘图需要设置极轴追踪的增量角，设置好对象捕捉的捕捉模式。

要执行该追踪操作，可启用状态栏中的"对象捕捉追踪"功能，同样在"极轴追踪"选项卡中设置对象捕捉追踪的对应参数，如图 2-42 所示。

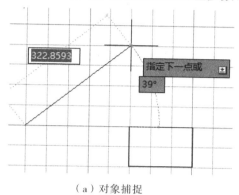

（a）对象捕捉

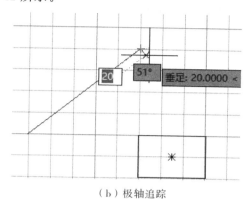

（b）极轴追踪

图 2-42　对象捕捉、极轴追踪

2.5.6　动态输入

使用动态输入功能可以在指针位置处显示"标注输入"和命令提示等信息，从而极大地方便了绘图。

1. 启用指针输入

在"草图设置"对话框的"动态输入"选项卡中，选择"启用指针输入"复选框可以启用输入功能，如图 2-43 所示。可以在"指针输入"选项卡区域中单击"设置"按钮，使用打开的"指针输入设置"对话框可以设置指针的格式和可见性，如图 2-44 所示。

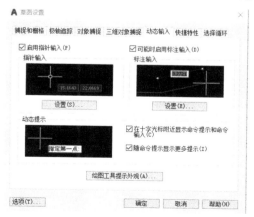

图 2-43　"动态输入"选项卡

图 2-44　"指针输入设置"对话框

2. 启用标注输入

在"草图设置"对话框的"动态输入"选项卡中，选择"可能时启用标注输入"复选框可以动用标注输入功能。在"标注输入"选项区域中单击"设置"按钮，使用打开的"标注输入的设置"对话框可以设置标注的可见性，如图 2-45 所示。

3. 显示动态提示

在"草图设置"对话框的"动态输入"选项卡中，选中"动态提示"选项区域中的"在十字光标附近显示命令提示行和命令输入"复选框，可以在光标附近显示命令提示，如图 2-46 所示。

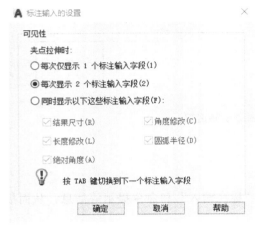

图 2-45　"标注输入的设置"对话框

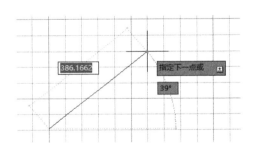

图 2-46　动态提示内容

第3章

AutoCAD 2018常用的绘图命令

内容简介：

本章学习AutoCAD 2018常用的绘图命令，为
AutoCAD 2018绘图打好基础。

内容要点：

点对象的绘制命令
直线型对象的绘制命令
多边形对象的绘制命令
曲线对象的绘制命令

3.1　点对象的绘制命令

在 AutoCAD 中，点不仅是组成图形最基本的元素，还经常用来标识某些特殊的部分，如绘制直线时需要确定端点、绘制圆或圆弧时需要确定圆心等。

在默认情况下，点是没有长度和大小的，在绘图区仅显示为一个小圆点，因此很难识别。在 AutoCAD 中，可以为点设置不同的显示样式，这样就可以清楚地知道点的位置，也使单纯的点更加美观和易于辨认。点包括"单点""多点""定数等分点""定距等分点"4 种。

3.1.1　设置点样式

设置点样式首先需要执行"点样式"命令，该命令调用方法如下：
1）命令行：DDPTYPE。
2）功能区："默认"→"实用工具"→"点样式"按钮。

轻松动手学

设置点样式

具体操作步骤如下：

1）按"Ctrl＋N"快捷键，新建一个名为"设置点样式"文件，并绘制如图 3-1 所示的图形。此时的点样式为系统默认设置，在图中几乎无法辨认。

2）输入"DDPTYPE"命令，打开"点样式"对话框，选择需要的点样式，单击"确定"按钮保存设置并关闭该对话框，如图 3-2 所示。

3）返回到操作界面中，即可查看到绘图区中的点样式由原来的小圆点变成了刚才设置的点样式，如图 3-3 所示。

  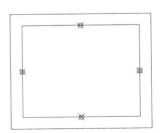

图 3-1　新建文件　　图 3-2　"点样式"对话框　　图 3-3　点样式设置效果

3.1.2　绘制单点

绘制单点首先需要执行"单点"命令，该命令调用方法如下：

1）命令行：POINT/PO。

2）菜单栏："绘图"→"点"→"单点"命令。

轻松动手学

绘制单点

具体操作步骤如下：

1）调用 CIRCLE "圆"命令，绘制一个任意大小的圆。

2）在命令行中输入"POINT/PO"命令，并按回车键。

3）命令提示行将显示"当前点模式：PDMODE＝35，PDSIZE＝0.0000"。在绘图区捕捉圆的象限点，单击鼠标左键，完成单点的绘制，如图 3-4 所示。

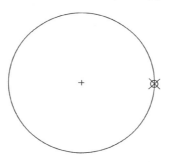

图 3-4　绘制单点

3.1.3　绘制多点

绘制多点就是指调用绘制命令后一次能指定多个点，直到按"Esc"键结束多点绘制状态为止。

绘制多点首先需要执行"多点"命令，该命令调用方法如下：

1）功能区："默认"→"绘图"→"多点"按钮 ▫ 。

2）菜单栏："绘图"→"点"→"多点"命令。

轻松动手学

绘制多点

具体操作步骤如下：

1）调用"CIRCLE"圆命令，绘制一个任意大小的圆。

2）单击"绘图"→"多点"按钮 ▫ 。

3）命令提示行将显示"当前点模式：PDMODE＝35，PDSIZE＝0.0000"，捕捉圆的象限点和圆心，连续 5 次单击鼠标左键，绘制 5 个点如图 3-5 所示。

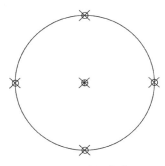

图 3-5　绘制多点

3.1.4　绘制定数等分点

绘制定数等分点是在指定的对象上绘制指定数目的点，每个点的距离保持相等。绘制定数等分点首先需要执行"定数等分"命令，该命令调用方法如下：

1）命令行：DIVIDE/DIV。

2）功能区："默认"→"绘图"→"定数等分"按钮 🖊。

轻松动手学

绘制定数等分点

定数等分方式需要输入等分的总段数，而系统自动计算每段的长度。例如，已经存在一条长 1 000 mm 的线段，现将其等分成 5 段，则每段长 200 mm。

具体操作步骤如下：

1）调用"LINE/L"命令，绘制一条长 1 000 mm 的线段。

2）单击"绘图"→"定数等分"按钮 🖊，命令选项如下：

命令：DIVIDE　　　　　　　　　　　　//启动"定数等分"命令

选择要定数等分的对象：　　　　　　　//单击选取绘制的线段

输入线段数目或［块（B）］：5　　　　//输入段数 5

3）线段等分结果如图 3-6 所示。

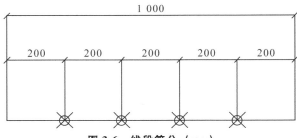

图 3-6　线段等分（mm）

3.1.5　绘制定距等分点

定距等分是在指定的对象上按确定的长度进行等分，即该操作是先指定所要创建的点与点之间的距离，再根据该间距值分隔所选对象。等分后的子线段的数量是原线段长度除以等分距的数量，如果等分后有多余的线段则为剩余线段。

绘制定距等分点首先需要执行"定距等分"的命令，该命令调用方法如下：

1）命令行：MEASURE/ME。

2）功能区："默认"→"绘图"→"定距等分"命令 ⬛ 。

轻松动手学

绘制定距等分点

已经存在一条长 1 000 mm 的线段，要求等分后每段长度为 100 mm，则可以等分为 10 段。

1）调用"LINE/L"命令，绘制一条长 1 000 mm 的线段。

2）单击"绘图""定距等分"按钮 ⬛ ，命令行操作如下：

命令：MEASURE　　　　　　　　　　　　　//启动"定距等分"命令

选择要定距等分的对象：　　　　　　　　 //单击选择绘制的线段

指定线段长度或［块（B）］：100　　　　 //输入等分后每段的长度

3）线段定距等分结果如图 3-7 所示。

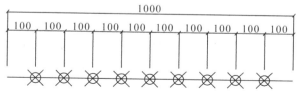

图 3-7　线段定距等分（mm）

3.2　直线型对象的绘制命令

直线型对象是所有图形的基础，在 AutoCAD 中直线型包括直线、射线、构造线、多段线和多线等。各线型具有不同的特征，应根据实际绘图需要选择不同的线型。

3.2.1　绘制直线

直线是所有绘图中最简单、最常用的图形对象，在绘图区指定直线的起点和终点即可会绘制一条直线。在绘制一条线段后，可继续以该线段的终点作为起点，然后指定下一个终点，反复操作可绘制首尾相连的图形，按"Esc"键即可退出直线绘制状态。

绘制直线首先需要执行"直线"命令，该命令调用方法如下：

1）命令行：LINE/L。

2）功能区："默认"→"绘图"→"直线"按钮。

执行上述任意一种操作后，命令提示行及操作如下：

命令：LINE 指定第一点：　　　　　　　　//执行"直线"命令

指定下一点或"放弃（U）"：　　　　　　// 在绘图区拾取一点作为直线的起点

指定下一点或"放弃（U）"：　　　　　　//单击鼠标确定直线的终点

3.2.2　绘制射线

射线是只有起点和方向但没有终点的直线，即射线为一端固定而另一端无限延长的直线。射线一般作为辅助线，绘制射线后按"Esc"键退出绘制状态。

绘制射线的命令调用方法如下：

1）命令行：RAY。

2）功能区："默认"→"绘图"→"射线"按钮。

执行上述任意一种操作后，命令提示行及操作如下：

命令：RAY：　　　　　　　　　　　　//调用绘制"射线"命令

指定起点：　　　　　　　　　　　　　//在绘图区拾取一点作为射线的起点

指定通过点：　　　　　　　　　　　　//确定射线的方向

3.2.3　绘制构造线

构造线没有起点和终点，两端可以无限延长，常作为辅助线来使用。

绘制构造线首先需要执行"构造线"命令，该命令调用方法如下：

1）命令行：XLINE/XL。

2）功能区："默认"→"绘图"→"构造线"按钮。

执行上述任意一种操作后，命令提示行及操作如下：

命令：XLINE　　　　　　　　　　　　//执行"构造线"命令

指定点或［水平（H）/垂直（V）/角度（A）/二等分（B）/偏移（O）］：

指定通过点：　　　　　　　　　　　　//指定构造线所经过的一点

指定通过点：　　　　　　　　　　　　//指定构造线所要经过的另一点

按"Esc"键结束构造线绘制。

执行构造线命令过程中各选项的含义如下：

1）水平（H）：选择该选项，可绘制水平构造线。

2）垂直（V）：选择该选项，可绘制垂直的构造线。

3）角度（A）：选择该选项，可按指定的角度创建一条构造线。

4）二等分（B）：选择该选项，可创建已知角的角平分线，使用该选项创建的构造线平分指定的两条线间的夹角，且通过该夹角的顶点，绘制角平分线时，系统要求用户依次指定已知角的顶点、起点及终点。

　　5）偏移（O）：选择该选项，可创建平行与另一个对象的平行线，这条平行线可以偏移一段距离与对象平行，也可以通过指定的点与对象平行。

3.2.4　绘制多段线

　　多段线是由等宽或不等宽的直线或圆弧等多条线段构成的特殊线段，这些线段所构成的图形是一个整体，可对其进行编辑。

　　绘制多段线的命令调用方法如下：

　　1）命令行：PLINE/PL。

　　2）功能区："默认"→"绘图"→"多段线"按钮。

　　执行上述任意一种操作后，命令提示行及操作如下：

命令：PLINE　　　　　　　　　　　　//执行"多段线"命令

指定起点：　　　　　　　　　　　　//指定一点作为多段线的起点

当前线宽为 0.0000　　　　　　　　　//显示当前多段线线宽为 0，即没有线宽

　　指定下一个点或［圆弧（A）/半宽（H）/长度（L）/放弃（U）/宽度（W）]：//指定多段线的下一点位置或选择一个选项绘制不同的线段

　　指定下一个点或［圆弧（A）/闭合（C）/半宽（H）/长度（L）/放弃（U）/宽度（W）]：//指定多段线的下一点位置或按回车键结束命令

　　执行"PLNE"命令过程中各选项的含义如下：

　　1）圆弧（A）：选择该选项，将以绘制圆弧的方式绘制多段线，其下的"半宽度""放弃"与"宽度"选项与主提示中的各选项含义相同。

　　2）半宽（H）：选择该选项，将指定多段线的半宽值，AutoCAD 将提示用户输入多段的起点半宽值与终点半宽值。

　　3）长度（L）：选择该选项，将定义下一条多段线的长度，AutoCAD 将按照上一条线E 的方向绘制这一条多段线，若上一段是圆弧，将绘制与此圆弧相切的线段。

　　4）放弃（U）：选择该选项，将取消上一次绘制的一段多段线。

　　5）宽度（W）：选择该选项，可以设置多段线宽度值。

　　在室内设计中，多段线的用途很多，常用来绘制窗帘、轴线等图形，如图 3-8 所示。

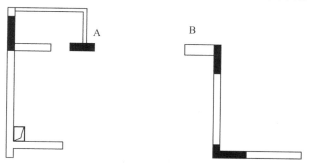

图 3-8　多段线绘制窗帘图形

3.2.5　绘制多线

多线是一种由多条平行线组成的组合图形对象。多线是 AutoCAD 中设置项目最多、应用很复杂的直线段对象。多线在室内设计制图中常用来绘制墙体和窗。

1. 设置线样式

在使用"多线"命令之前，可对多线的数量和每条单线的偏移距离、颜色、线型和背景等特性进行设置。

设置"多线样式"的命令调用方法如下：

1）命令行：MLSTYLE。

2）菜单栏："格式"→"多线样式"命令。

轻松动手学

创建"平开窗"多线样式

具体操作步骤如下：

1）输入"MLSTYLE"命令，打开如图 3-9 所示的"多线样式"对话框。

图 3-9　"多线样式"对话框

2）单击"新建"按钮打开"创建新的多线样式"对话框。

3）在"新样式名"文本框中输入需要创建的多线样式名称，这里输入"平开窗"文本，单击"继续"按钮，如图 3-10 所示。

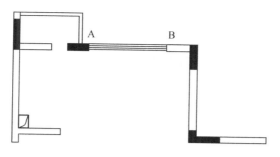

图 3-10 "平开窗"

4）打开"新建多线样式：平开窗"对话框，在该对话框中可以对新建的多线样式的封口、直线之间的距离、颜色和线型等因素进行设置，在"说明"文本框中可以对新建的多线样式进行用途、创建者、创建时间等说明，以便以后在选用多线样式时加以判断。

5）设置完成后单击"确定"按钮，保存设置并关闭该对话框，返回"多线样式"对话框，此时，在"多线样式"对话框的"样式"列表框中将显示刚设置完成的多线样式。

在"多线样式"对话框的"样式"列表框中选择需要使用的多线样式。单击"置为当前"按钮，可将选择的多线样式设置为当前系统默认的样式；单击"修改"按钮，将打开"修改多线样式"对话框，该对话框与"新建多线样式"对话框的选项完全一致，在其中可对指定样式的各选项进行修改；单击"重命名"按钮，可将选择的多线样式重新命名；单击"删除"按钮，可将选择的多线样式删除。

2. 绘制多线

"多线"的命令调用方法如下：

1）命令行：MLINE/ML。

2）菜单栏：选择"绘图"→"多线"命令。

多线的绘制方法与直线的绘制方法相似，不同的是多线由两条线型相同的平行线组成。绘制的每一条多线都是一个完整的整体，不能对其进行偏移、倒角、延伸和剪切等编辑操作，只能使用分解命令将其分解成多条直线后再编辑。

执行上述任意一种操作后，命令提示行及操作如下：

命令：MLINE   //调用"多线"命令

当前设置：对正＝上，比例＝1.0，样式＝ PINGKAICHUANG

指定起点或［对正（G）/比例（S）/样式（ST）］：s //选择"比例（S）"选项

输入多线比例〈1.00〉：1   //设置多线比例为 1

当前设置：对正＝上，比例＝1.0，样式＝ PINGKAICHUANG

指定起点或［对正（J）/比例（S）/样式（ST）］：J //选择"对正（J）"选项

输入对正类型［上（T）/无（Z）/下（B）1〈上〉：T //选择"上（T）"对正类型

当前设置：对正＝上，比例＝1.00，样式＝ PINGKAICHUANG

指定起点或［对正（J）/比例（S）/样式（ST）］： //捕捉 A 点为多线的起点

指定下一点：//捕捉 B 点为多线的端点

执行多线命令过程中各选项的含义如下：

1）对正（J）设置绘制多线时相对于输入点的偏移位置。该选项有上、无和下 3 个选项，各选项含义如下：

2）上（T）：多线顶端的线随着光标移动。

3）无（Z）：多线的中心线随着光标移动。

4）下（B）：多线底端的线随着光标移动。

5）比例（S）：设置多线样式中平行多线的宽度比。

6）样式（ST）：设置绘制多线时使用的样式，默认的多线样式为 STANDARD。选择该选项后，可以在提示信息"输入多线样式名或［?］"后面输入已定义的样式名，输入"?"则会列出当前图形中所有的多线样式。

3.3　多边形对象的绘制命令

在 AutoCAD 中，矩形及多边形的各边构成一个单独的对象。它们在绘制复杂图形时比较常用。

3.3.1　绘制矩形

在 AutoCAD 中绘制矩形，可以为其设置倒角、圆角以及宽度和厚度值等参数，如图 3-11 所示。

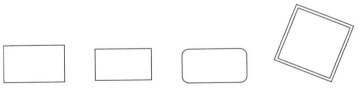

图 3-11　各种样式的矩形效果

启动"矩形"命令有以下几种方法：

1）命令行：RECTANG/REC。

2）功能区："默认"→"绘图"→"矩形"按钮。

执行该命令后，命令行提示如下：

指定第一个角点或［倒角（C）/标高（E）/圆角（F）/厚度（T）/宽度（W）］：

其中各选项的含义如下：

倒角（C）：绘制一个带倒角的矩形。

标高（E）：矩形的高度，默认情况下，矩形在 X、Y 平面内，该选项一般用于三维绘图。

圆角（F）：绘制带圆角的矩形。

厚度（T）：矩形的厚度，该选项一般用于三维绘图。

宽度（W）：定义矩形的宽度。

轻松动手学

绘制矩形

具体操作步骤如下：

1）调用"矩形"命令，绘制一个尺寸为 500 mm×1 000 mm 矩形，命令行操作如下：

命令：RECTANG　　　　　　　　　　　　//调用"矩形"命令

指定第一个角点或［倒角（C）/标高（E）/圆角（F）/厚度（T）/宽度（W）］：

指定另一个角点或［面积（A）/尺寸（D）/旋转（R）］：d

　　　　　　　　　　　　　　　//选择"尺寸（D）"选项

指定矩形的长度〈100.0000〉：500

　　　　　　　　　　　　　　　//输入矩形的长度

指定矩形的宽度〈10.0000〉：1000

　　　　　　　　　　　　　　　//输入矩形的宽度

指定另一个角点或［面积（A）/尺寸（D）/旋转（R）］：s

　　　　　　　　　　　　　　　//按回车键退出命令

2）绘制完成的矩形如图 3-12 所示。

图 3-12　绘制的矩形

3.3.2　绘制多边形

多边形是由三条或三条以上长度相等的线段首尾相接形成的闭合图形。其边数范围在 3～1 024 之间。

启动"多边形"有以下几种方法：

1）命令行：POLYGON/POL。

2）功能区："默认"→"绘图"→"多边形"按钮。

执行该命令并指定正多边形的边数后，命令行将出现如下提示：

指定正多边形的中心点或"边（E）"：

其各选项含义如下：

1）中心点：通过指定正多边形中心点的方式来绘制正多边形。选择该选项后，会提示"输入选项［内接于圆（D）外切于圆（C）］〈I〉："的信息，内接于圆表示以指定正多边形内接圆半径的方式来绘制正多边形，如图 3-13 所示；外切于圆表示以指定正多边形外切圆半径的方式来绘制正多边形，如图 3-14 所示。

2）边：通过指定多边形边的方式来绘制正多边形。该方式将通过边的数量和长度确定正多边形。

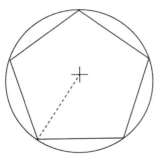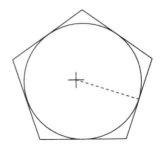

图 3-13　内接于圆画多边形　　　　　图 3-14　外切于圆画多边形

3.4　曲线对象的绘制命令

在 AutoCAD 2018 中，圆、圆弧、椭圆、椭圆弧和圆环都属于曲线对象，其绘制方法相对比较复杂。

3.4.1　绘制样条曲线

样条曲线是一种能够自由编辑的曲线，在曲线周围将显示控制点，可以通过调整曲线上的起点、控制点来控制曲线形状。

启动"样条曲线"命令以下几种方法：

1）命令行：SPLINE/SPL。

2）功能区："默认""绘图""样条曲线拟合"按钮或"样条曲线控制点"按钮。

3.4.2　绘制圆和圆弧

1. 绘制圆

启动"圆"命令有以下几种方法：

1）命令行：CIRCLE/C。

2）功能区："默认"→"绘图"→"圆"按钮。

单击"绘图"→"圆"菜单项，其中提供了 6 种绘制圆的子命令。

各子命令的含义如下：

1）圆心、半径：用圆心和半径方式绘制圆。

2）圆心、直径：用圆心和直径方式绘制圆。

3）两点：通过两个点绘制圆，系统会提示指定圆直径的第一端点和第二端点。

4）三点圈：通过 3 点绘制圆，系统会提示指定第一点、第二点和第三点。

5）相切、相切、半径：通过两个其他对象的切点和输入半径值来绘制圆。系统会提示指定圆的第一切线和第二切线上的点及圆的半径。

6）相切、相切、相切：通过 3 条切线绘制圆。

2. 绘制圆弧

启动"圆弧"命令有以下几种方法：

1）命令行：ARC/A。

2）功能区："默认"→"绘图"→"圆弧"按钮。

单击"绘图"→"圆弧"菜单项，其中提供了 11 种绘制圆弧的子命令，几种绘制方式如图 3-15 所示。

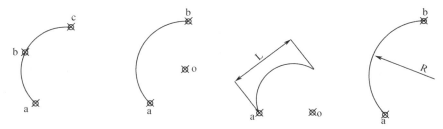

图 3-15　几种最常用的绘制圆弧的方法

各子命令的含义如下：

1）三点：通过指定圆弧上的三点绘制圆弧，需要指定圆弧的起点、通过的第二个点和端点。

2）起点、圆心、端点：通过指定圆弧的起点、圆心、端点绘制圆弧。

3）起点、圆心、角度：通过指定圆弧的起点、圆心、包含角绘制圆弧。执行此命令时会出现"指定包含角："的提示，在输入角度时，如果当前环境设置逆时针方向为角度正方向，且输入正的角度值，则绘制的圆弧是从起点绕圆心沿逆时针方向绘制，反之则沿顺时针方向绘制。

4）起点、圆心、长度：通过指定圆弧的起点、圆心、弦长绘制圆弧。另外，在命令行提示的"指定弦长："提示信息下，如果所输入的值为负，则该值的绝对值将作为对应整圆的空缺部分圆弧的弦长。

5）起点、端点、角度：通过指定圆弧的起点、端点、包含角绘制圆弧。

6）起点、端点、方向：通过指定圆弧的起点、端点和圆弧的起点切向绘制圆弧。命令执行过程中会出现"指定圆弧的起点切向："提示信息，此时拖动鼠标动态地确定圆弧在起始点处的切线方向与水平方向的夹角。拖动鼠标时，AutoCAD 会在当前光标与圆弧起始点之间形成一条线，即为圆弧在起始点处的切线。确定切线方向后，单击拾取键即可得到相应的圆弧。

7）起点、端点、半径：通过指定圆弧的起点、端点和圆弧半径绘制圆弧。

8）圆心、起点、端点：以圆弧的圆心、起点、端点方式绘制圆弧。

9）圆心、起点、角度：以圆弧的圆心、起点、圆心角方式绘制圆弧。

10）圆心、起点、长度：以圆弧的圆心、起点、弦长方式绘制圆弧。

11）连续：绘制其他直线或非封闭曲线后，单击"圆弧"→"连续"按钮，系统自动以刚才绘制的对象的终点作为即将绘制的圆弧的起点。

圆弧命令得到增强，当需要确定圆弧方向时，可以按住"Ctrl"键，根据光标进行方向的切换。

3.4.3 绘制圆环和填充圆

圆环是由同一圆心、不同直径的两个同心圆组成的，控制圆环的主要参数是圆心、内直径和外直径。如果圆环的内直径为0，则圆环为填充圆。

启动"圆环"命令有以下几种方法：

1）命令行：DONUT/DO。

2）功能区："默认"→"绘图"→"圆环"按钮。

在 AutoCAD 默认情况下，所绘制的圆环为填充的实心图形。如果在绘制圆环之前，在命令行输入"HL"命令，则可以控制圆环或圆的填充可见性。执行"FILL"命令后，命令行提示如下：

1）命令：FILL。

2）输入模式［开（ON）/关（OFF）］〈开〉：

选择"开（ON）"模式，表示绘制的圆环和圆要填充，如图 3-16 所示。选择"关（OFF）"模式，表示绘制的圆环和圆不要填充，如图 3-17 所示。

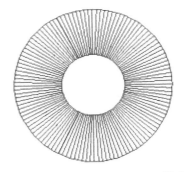

图 3-16　选择开（ON）模式　　　　图 3-17　选择关（OFF）模式

轻松动手学

绘制圆环

具体操作步骤如下：

1）按"Ctrl＋N"快捷键，新建文件，并绘制圆环图形，如图 3-18 所示。

2）绘制圆环表示浴霸灯，调用"圆环"命令，命令行操作如下：

命令：DONUT　　　　　　　　　　　　//调用"圆环"命令

指定圆环的内径〈120.0000〉：120　　　//输入面环的内径

指定圆环的外径〈150.0000〉：140　　　//输入圆环的外径

指定圆环的中心点或〈退出〉：　　　　//拾取一点作为圆环的中心点

指定圆环的中心点或〈退出〉：　　　　　　//继续绘制圆环

3）按回车键完成圆环的绘制，最终结果如图 3-19 所示。

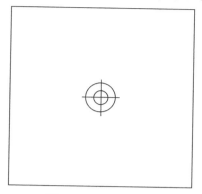

图 3-18　打开图形

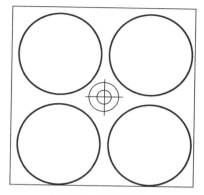

图 3-19　最终结果

3.4.4　绘制椭圆和椭圆弧

1. 绘制椭圆

椭圆是平面上到定点距离与到指定直线间距离之比为常数的所有点的集合。

启动"椭圆"命令有以下几种方法：

1）命令行：ELLIPSE/EL。

2）功能区："默认"→"绘图"→"椭圆"按钮。

在 AutoCAD 中，绘制椭圆有两种方法，即指定端点和指定圆心。

1）指定端点：在"默认""绘图""椭圆"下拉列表中，单击"轴、端点"按钮，或在命令行中执行 ELLIPSE/EL 命令，根据命令行提示绘制椭圆。

2）指定圆心。

在"默认"→"绘图"→"椭圆"下拉列表中，单击"圆心"按钮回，或在命令行中执行"ELLIPSE/EL"命令，根据命令行提示绘制椭圆。

轻松动手学

指定端点绘制椭圆

绘制一个长半轴为 200 mm，短半轴为 75 mm 的椭圆，其命令行提示如下：

命令：ELLIPSE　　　　　　　　　　//调用"ELLIPSE"命令

指定椭圆的轴端点或〔圆弧（A）/中心点（C）〕：

　　　　　　　　　　　　　　　　//单击鼠标指定椭圆的一端点

指定轴的另一个端点：200，0　　　//用相对坐标方式输入椭图的另一端点
　　　　　　　　　　　　　　　　　的距离

指定另一条半轴长度或〔旋转（R）〕：75　//输入椭圆短半轴的长度

指定圆心绘椭圆

绘制一个圆心坐标为（0，0），长半轴为 200 mm，短半轴为 75 mm 的椭圆。

用指定圆心的方式绘制椭圆，命令行操作如下：

命令：ELLIPSE   //调用"椭圆"命令

指定椭圆的轴端点或［圆弧（A）/中心点（C）］：C

　　　　　　　　　　　　　　　　　　　　//选择"中心点（C）"绘制

指定椭圆的中心点：0，0   //输入椭圆中心点的坐标为（0，0）

指定轴的端点：200，0   //利用相对坐标输入方式确定椭圆长半

　　　　　　　　　　　　　　　　　　　　　　轴的一端点

指定另一条半轴长度或［旋转（R）］：75   //输入椭圆短半轴长度

绘制完成的长半轴为 200 mm、短半轴为 75 mm 的椭圆如图 3-20 所示。

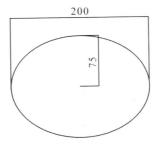

图 3-20　绘制椭圆（mm）

2. 绘制椭圆弧

椭圆弧是椭圆的一部分，和椭圆不同的是，它的起点和终点没有闭合。绘制椭圆弧需要确定的参数有：椭圆弧所在椭圆的两条轴及椭圆弧的起点和终点的角度。

启动"椭圆弧"命令有以下几种方法：

1）命令行：ELLIPSE/EL。

2）功能区："默认"→"绘图"→"椭圆弧"按钮。

轻松动手学

绘制椭圆弧

具体操作步骤如下：

1）单击"默认"→"绘图"→"椭圆弧"按钮。

2）根据命令行提示信息，使用中心点或者端点方式，并设置起始角度为 114°和端点角度为 −149°，即可完成椭圆弧的绘制，如图 3-21 所示。

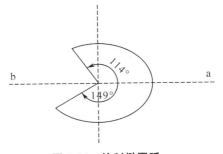

图 3-21　绘制椭圆弧

第4章
室内装潢设计常用的编辑命令

内容简介：

　　本章主要学习室内装潢设计常用编辑命令，编辑命令的熟练掌握和使用有助于提高设计和绘图的效率。

内容要点：

　　选择对象

　　复制类命令

　　改变位置类命令

　　改变图形特征命令

　　圆角和倒角命令

　　打断、合并和分解对象命令

　　图块命令

　　定位工具和自动追踪

4.1　选择对象

选择对象是编辑图形的第一步，软件中选择对象的方法也有很多，最常用的就是点选法和框选法。

4.1.1　点选法

将十字光标移动至欲选取的对象上，单击鼠标左键点选，选中的对象上出现虚线和蓝色节点即为选择成功，如图 4-1 所示。

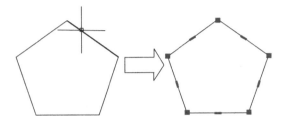

图 4-1　点选法

4.1.2　框选法

框选对象是以指定对角点的方式进行的对象选择，不同的框选方法有不同的框选结果。当框选对象时，从左往右拉出选框时，只有全部位于选框中的图形对象才会被选中，部分位于选框中的图形对象则不会被选中，如图 4-2 所示。

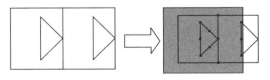

图 4-2　从左向右框选

而当框选对象时，从右向左拉出选框时，所有出现在选框内的对象，无论是否全部位于选框中，都会被选中，如图 4-3 所示。

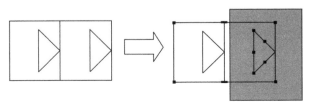

图 4-3　从右向左框选

4.1.3　快速选择

快速选择是根据绘制对象的特征和类型创建选择集，如线形、颜色、图层等。快速选择满足了精准迅速的从复杂图形中选取特定对象的要求。

在菜单栏中选择"工具"，下拉菜单中选"快速选择"选项，根据需要在"快速选择"对话框中设置选择特性，单击"确定"按钮后完成操作。

1）命令行：QSELECT。

2）菜单栏："默认"→"实用工具"→"快速选择"命令 。

3）鼠标：右键单击下拉菜单选择"快速选择"选项。

在"快速选择"对话框中选择指定特性，如图 4-4 所示。完成设置后，单击"确认"按钮结束操作。

图 4-4　"快速选择"对话框

4.2　复制类命令

4.2.1　复制对象

复制对象是将源对象创建出所需个数的对象副本，在 AutoCAD 2018 中，复制对象命令可以通过以下四种方式启动：

1）命令行：COPY/CO。

2）功能区："默认"→"修改"→"复制"命令 。

3）快捷键："Ctrl＋C"（复制）→"Ctrl＋V"（粘贴）。

4）菜单栏："修改"菜单下选"复制"选项。

轻松动手学

复制床头柜

具体操作步骤如下:

1) 使用"Ctrl+N"新建文件,并绘制如图 4-5 所示的图形。

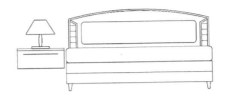

图 4-5 床和床头柜

2) 使用"CO"复制命令选中床头柜,步骤如下:

命令:CO //调用命令

选择对象:指定对角点:找到 16 个 //框选床头柜

选择对象: //按回车键确定选择

当前设置:复制模式=多个 //提示当前设置

指定基点或 [位移(D)/模式(O)] 〈位移〉: //指定柜子左下角点为基点

指定第二个点或 [阵列(A)] 〈使用第一个点作为位移〉: //指定床右侧一点为目标点

指定第二个点或 [阵列(A)/退出(E)/放弃(U)] 〈退出〉: //确认完成后退出

3) 床头柜复制完成,如图 4-6 所示。

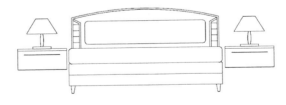

图 4-6 复制完成

4.2.2 镜像对象

在 AutoCAD 2018 中,镜像命令可以完成根据镜像线反转对象并创建出镜像图像。镜像对象命令可以通过以下三种方式启动:

1) 命令行：MIRROR/MI。

2) 功能区："默认"→"修改"→"镜像"命令▲▲。

3) 菜单栏："修改"菜单下选"镜像"选项。

镜像命令的难点在于镜像线的制定，镜像线相当于镜子放置的位置，能训练学生的空间思维能力。镜像线由两点确定，确定后软件提示"是否删除源对象？〔是（Y）/否（N）〕〈N〉："，根据需要输入命令。软件默认为不删除源对象（N），可以直接按空格键确认，即为保留源对象。

轻松动手学

双扇平开门

具体操作步骤如下：

1) 使用"Ctrl＋N"快捷键新建文件，并绘制如图 4-7 所示的图形。

2) 使用"MI 镜像"命令将单扇平开门镜像成双扇平开门，步骤如下：

命令：MI　　　　　　　　　//调用命令

选择对象：指定对角点：找到 2 个框选单扇平开门

选择对象：　　　　　　　　//回车确定选择

指定镜像线的第一点：指定圆弧的右下角点

指定镜像线的第二点：垂直向上取一点，如图 4-8 所示。

要删除源对象吗？〔是（Y）/否（N）〕〈否〉：//不删除源对象，按回车键确认结束。

3) 双扇平开门镜像完成，如图 4-9 所示。

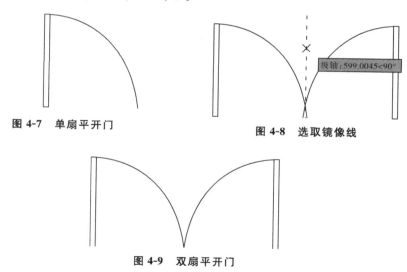

图 4-7　单扇平开门　　　　　　　图 4-8　选取镜像线

极轴：599.0045<90°

图 4-9　双扇平开门

4.2.3　偏移对象

偏移对象命令可将指定的直线、多段线、圆和圆弧等根据要求向指定方向进行偏移复制，常用以绘制平行线。偏移对象命令可通过以下三种方式启动：

1）命令行：OFFSET/O。

2）功能区："默认"→"修改"→"偏移"命令。

3）菜单栏："修改"菜单下选"偏移"选项。

 轻松动手学

穿衣镜

具体操作步骤如下：

1）使用"Ctrl＋N"快捷键新建文件，并绘制如图 4-10 所示的图形。

2）使用"O"偏移命令将镜子边界向外偏移 60，做成镜子的边框，步骤如下：

命令：O	//调用命令
当前设置：删除源＝否，图层＝源，OFFSETGA-PTYPE＝0	//提示当前设置
指定偏移距离或［通过（T）/删除（E）/图层（L）］〈0.0000〉：60	//输入偏移距离
选择要偏移的对象，或［退出（E）/放弃（U）〕〈退出〉：	//选择偏移对象
指定要偏移的那一侧上的点，或［退出（E）/多个（M）/放弃（U）〕〈退出〉：	//在矩形外侧单击
选择要偏移的对象，或［退出（E）/放弃（U）〕〈退出〉：	//按回车键结束命令

3）穿衣镜绘制完成，如图 4-11 所示。

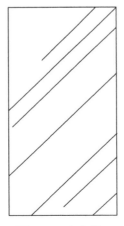

图 4-10 穿衣镜

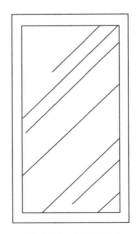

图 4-11 偏移完成

4.2.4　阵列对象

在 AutoCAD 2018 中，阵列对象命令可将指定对象快速有序的复制排列。阵列对象的形式分为：矩形阵列、极轴阵列和路径阵列。阵列对象命令可以通过以下三种方式启动：①命令行：ARRAY/AR。②功能区："默认"→"修改"→"阵列"命令。③菜单栏："修改"菜单下选"阵列"选项。

1. 矩形阵列

矩形阵列（列）指定列数和列间距。列数指定阵列中的列数。列间距指定列之间的距离。表达式使用数学公式或方程式获取值。全部指定第一列和最后一列之间的总距离。

轻松动手学

铺地砖

具体操作步骤如下：

1）使用"Ctrl＋N"快捷键新建文件，并绘制如图 4-12 所示的图形。

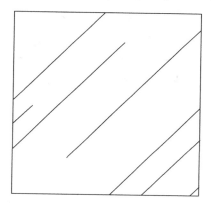

图 4-12　600 mm×600 mm 地砖

2）使用"矩形阵列"，将地砖阵列成 4 行 5 列，操作步骤如下：

命令：AR　　　　　　　　　　　　　　　　　　//调用命令

选择对象：指定对角点：找到 2 个　　　　　　　//框选地砖

选择对象：↙　　　　　　　　　　　　　　　　//按回车键确定选择

输入阵列类型［矩形（R）/路径（PA）/极轴（PO）］〈矩形〉：R↙　　//选择矩形阵列

类型＝矩形 关联＝是　　　　　　　　　　　　　//提示当前设置

选择夹点以编辑阵列或［关联（AS）/基点（B）/计数（COU）/间距（S）/列数（COL）/行数（R）/层数（L）/退出（X）］〈退出〉：COU↙　　//选择计数子命令

输入列数数或［表达式（E）］〈4〉：5✓ 　　//输入 5 列

输入行数数或［表达式（E）］〈3〉：4✓ 　　//输入 4 行

选择夹点以编辑阵列或［关联（AS）/基点（B）/
计数（COU）/间距（S）/列数（COL）/行数（R）/ 　　//选择间距子命令
层数（L）/退出（X）]〈退出〉：S✓

指定列之间的距离或［单位单元（U）］〈900〉： 　　//输入列间距 600
600✓

指定行之间的距离〈900〉：600✓ 　　//输入行间距 600

选择夹点以编辑阵列或［关联（AS）/基点（B）/
计数（COU）/间距（S）/列数（COL）/行数（R）/ 　　//按回车键结束命令
层数（L）/退出（X）]〈退出〉：✓

3）完成地面铺砖，如图 4-13 所示。

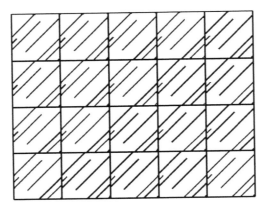

图 4-13　阵列完成

2. 极轴阵列

使用"极轴阵列"选项通过围绕圆心复制选定对象来创建阵列。

轻松动手学

十人台

具体操作步骤如下：

1）使用"Ctrl＋N"快捷键新建文件，并绘制如图
4-14所示的图形。

2）使用"极轴阵列"，将座椅围绕餐桌圆心阵列成十
人台，操作步骤如下：

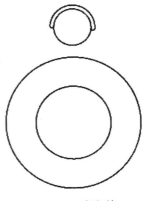

图 4-14　桌和椅

命令：AR✓　　　　　　　　　　　　　　//调用命令

选择对象：指定对角点：找到 4 个　　　//框选椅子

选择对象：✓　　　　　　　　　　　　//按回车键确定选择

输入阵列类型［矩形（R）/路径（PA）/极轴（PO）］〈矩形〉：PO✓　　　　//选择极轴阵列

类型＝极轴；关联＝是　　　　　　　//提示当前设置

指定阵列的中心点或［基点（B）/旋转轴（A）］：　　//设中心点为圆桌圆心

选择夹点以编辑阵列或［关联（AS）/基点（B）/项目（I）/项目间角度（A）/填充角度（F）/行（ROW）/层（L）/旋转项目（ROT）/退出（X）］〈退出〉：I✓　　//选择项目子命令

输入阵列中的项目数或［表达式（E）］〈6〉：10✓　　//输入椅子个数

选择夹点以编辑阵列或［关联（AS）/基点（B）/项目（I）/项目间角度（A）/填充角度（F）/行（ROW）/层（L）/旋转项目（ROT）/退出（X）］〈退出〉：✓　　//按回车键结束命令

3）完成十人台绘制，如图 4-15 所示。

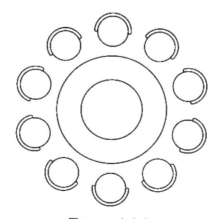

图 4-15　十人台

3. 路径阵列

路径阵列的控件与环形的控件相似。在创建关联阵列后，可以修改阵列中的项目，编辑阵列中的源项目。源项目的所有实例都将自动更新。

轻松动手学

会议桌

具体操作步骤如下：

1）使用"Ctrl＋N"快捷键新建文件，并绘制如图 4-16 所示的图形。

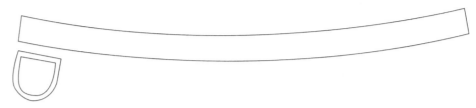

图 4-16　会议桌椅

2）使用路径阵列，将座椅沿会议桌一侧的弧度摆放，操作步骤如下：

命令：AR↙　　　　　　　　　　　　//调用命令

选择对象：指定对角点：找到 2 个　　//框选椅子

选择对象：↙　　　　　　　　　　　//按回车键确定选择

输入阵列类型［矩形（R）/路径（PA）/极轴
（PO）］〈极轴〉：PA↙　　　　　　　//选择路径阵列

类型＝路径；关联＝是　　　　　　　//提示当前设置

选择路径曲线：　　　　　　　　　　//指定桌子的边为路径

选择夹点以编辑阵列或［关联（AS）/方法
（M）/基点（B）/切向（T）/项目（I）/行（R）/层
（L）/对齐项目（A）/z 方向（Z）/退出（X）］〈退
出〉：I↙　　　　　　　//选择项目子命令

指定沿路径的项目之间的距离或［表达式（E）］
〈831.1272〉：750↙　　　　　　//输入椅子间距

最大项目数＝7　　　　　　　　　　//提示椅子数最大值

指定项目数或［填写完整路径（F）/表达式（E）］
〈7〉：↙　　　　　　　//输入椅子个数

选择夹点以编辑阵列或［关联（AS）/方
法（M）/基点（B）/切向（T）/项目（I）/行（R）/层
（L）/对齐项目（A）/z 方向（Z）/退出（X）］〈退
出〉：↙　　　　　　//按回车键结束命令

3）完成会议桌椅，如图 4-17 所示。

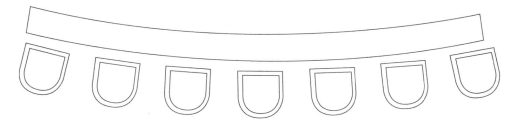

图 4-17　阵列完成

4.3　改变位置类命令

4.3.1　移动对象

移动对象是在保证指定对象大小和方向不改变的前提下，将对象移动至指定方向的指定距离上，使其位置发生变化的命令。移动对象命令可以通过以下三种方式启动：

1）命令行：MOVE/M。

2）功能区："默认"→"修改"→"移动"命令。

3）菜单栏："修改"菜单下选"移动"选项。

轻松动手学

放置家具

具体操作步骤如下：

1）使用 "Ctrl＋N" 快捷键新建文件，并绘制如图 4-18 所示的图形。

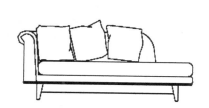

图 4-18　沙发和角几

2）使用移动命令，将角几从沙发左侧移动到右侧，操作步骤如下：

命令：M↙　　　　　　　　　　　　　　　　　　　　　//调用命令

选择对象：指定对角点：找到 55 个　　　　　　　　　　//框选角几

选择对象：✓　　　　　　　　　　　　　　　　//按回车键确定选择

指定基点或［位移（D）］〈位移〉：　　　　　　　//指定角几左下角点为基点

指定第二个点或〈使用第一个点作为位移〉：　　　//点击目标点，完成移动

3）完成角几位置的移动，如图 4-19 所示。

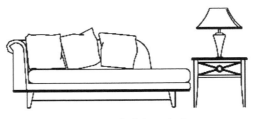

图 4-19　移动角几完成

4.3.2　旋转对象

　　旋转对象是可将对象围绕指定基点旋转的命令。指定的基点可选在对象上也可选在对象以外某点，旋转的角度为 360°，顺时针旋转时输入角度需加 "－" 号，逆时针旋转可直接输入角度。旋转对象命令可以通过以下三种方式启动：

　　1）命令行：ROTATE/RO。

　　2）功能区："默认" → "修改" → "旋转" 命令。

　　3）菜单栏："修改" 菜单下栏选 "旋转" 选项。

轻松动手学

卧室里的床

1）使用 "Ctrl＋N" 快捷键新建文件，并绘制如图 4-20 所示的图形。

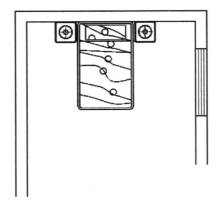

图 4-20　室内单人床

2）使用旋转命令，将单人床的角度进行调整，操作步骤如下：

命令：RO ↙　　　　　　　　　　　//调用命令

UCS 当前的正角方向：ANGDIR＝逆时针；
ANGBASE＝0　　　　　　　　　　//提示当前坐标

　选择对象：找到 1 个　　　　　　//选择床块

　选择对象：↙　　　　　　　　　//按回车键确认选择

　指定基点：　　　　　　　　　　//单击床头柜左上角点

　指定旋转角度，或［复制（C）/参照（R）］
〈357〉：90 ↙

　输入选择角度，完成旋转

3）使用"MOVE/M"移动命令将床块移动至靠墙位置后完成，如图 4-21 所示。

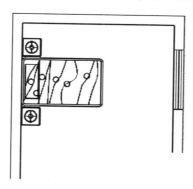

图 4-21　旋转并移动单人床完成

4.3.3　缩放对象

缩放对象命令可将指定对象按照指定的比例因子放大和缩小。对象的原比例因子默认为 1，需将其放大时，则比例因子＞1，需将其缩小时，则比例因子＜1。缩放对象命令可以通过以下三种方式启动：

1）命令行：SCALE/SC。

2）功能区："默认"→"修改"→"缩放"命令 。

3）菜单栏："修改"菜单下选"缩放"选项。

轻松动手学

装饰画框

具体操作步骤如下：

1）使用"Ctrl＋N"快捷键新建文件，并绘制如图 4-22 所示的图形。

2）使用"缩放"命令，将边长 1 000 mm 的装饰画框缩放到边长 700 mm，操作步骤如下：

命令：SC ↙	//调用命令
选择对象：指定对角点：找到 1 个	//框选装饰画框
选择对象：↙	//回车确认选择
指定基点：	//单击画框左下角点为基点
指定比例因子或［复制（C）/参照（R）］：0.7 ↙	//输入比例因子，完成缩放

3）使用相同的方法，设置比例因子为 1.5，缩放出边长为 1 500 mm 的装饰画框。

4）完成两个对装饰画框的缩放，如图 4-23 所示。

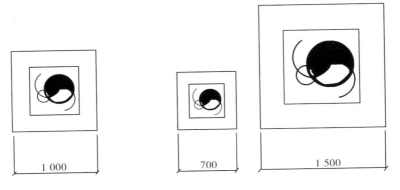

图 4-22 装饰画框（mm）   图 4-23 缩放装饰画框完成（mm）

4.4 改变图形特征命令

4.4.1 修剪对象

修剪对象是用于将线段多余部分删除的命令。所修剪的对象必须与其他线段有相交，若没有相交点则不能修剪只能删除。在修剪对象时，要注意点选欲删除的部分，修建后其他部分保留。修剪对象命令可以通过以下三种方式启动：

1）命令行：TRIM/TR。

2）功能区："默认"→"修改"→"修剪"命令 ￼。

3）菜单栏："修改"菜单下选"修剪"选项。

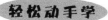

修剪墙线

具体操作步骤如下：

1）使用"Ctrl＋N"快捷键新建文件，并绘制如图 4-24 所示的图形。

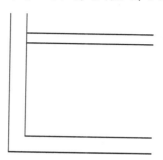

图 4-24　墙线

2）使用修剪命令将多余的线段删除，操作步骤如下：

命令：TR ↙　　　　　　　　　　　　　　　　//调用命令

当前设置：投影＝UCS，边＝无　　　　　　　　//提示当前设置

选择剪切边... 选择对象或〈全部选择〉：↙　　//空格默认选择全部

选择要修剪的对象，或按住 Shift 键选择要延伸的
对象，或［栏选（F）/窗交（C）/投影（P）/边　　//单击需要修剪的墙线
（E）/删除（R）/放弃（U）］：

选择要修剪的对象，或按住 Shift 键选择要延伸的
对象，或［栏选（F）/窗交（C）/投影（P）/边　　//继续修剪或空格确认完成
（E）/删除（R）/放弃（U）］：

3）墙线修剪完成，如图 4-25 所示。

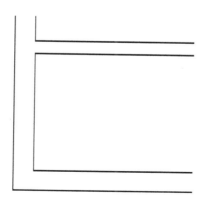

图 4-25　修剪墙线完成

4.4.2 延伸对象

延伸对象与修剪对象是一组相对的命令，延伸对象命令可将线段延长至指点方向的边界。延伸对象命令可以通过以下三种方式启动：

1) 命令行：EXTEND/EX。
2) 功能区："默认"→"修改"→"延伸"命令。
3) 菜单栏："修改"菜单下选"延伸"选项。

轻松动手学

延伸墙线

具体操作步骤如下：

1) 使用"Ctrl＋N"快捷键新建文件，并绘制如图 4-26 所示的图形。

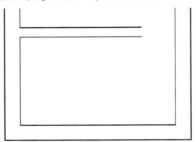

图 4-26　墙线

2) 将墙线延伸，操作步骤如下：

命令：EX↙	//调用命令
当前设置：投影＝UCS，边＝无	//提示当前设置
选择边界的边……　选择对象或〈全部选择〉：指定对角点：找到 9 个	//框选全部墙线
选择对象：↙	//按回车键确认选择
选择要延伸的对象，或按住"Shift"键选择要修剪的对象，或［栏选（F）/窗交（C）/投影（P）/边（E）/放弃（U）］：	//单击中间的墙线
选择要延伸的对象，或按住"Shift"键选择要修剪的对象，或［栏选（F）/窗交（C）/投影（P）/边（E）/放弃（U）］：	//单击中间的另一条墙线
选择要延伸的对象，或按住"Shift"键选择要修剪的对象，或［栏选（F）/窗交（C）/投影（P）/边（E）/放弃（U）］：↙	//按空格键确认完成

3）墙线延伸完成，如图 4-27 所示。

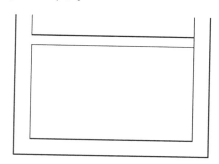

图 4-27　延伸墙线完成

4.4.3　拉伸对象

延伸对象命令可将指定对象按照指定方向拉长和缩短，是对象的形状发生改变。拉伸对象命令可以通过以下三种方式启动：

1）命令行：STRETCH/S。

2）功能区："默认"→"修改"→"拉伸"命令。

3）菜单栏："修改"菜单下选"拉伸"选项。

轻松动手学

拉伸门洞

具体操作步骤如下：

1）使用"Ctrl＋N"快捷键新建文件，并绘制如图 4-28 所示和图形。

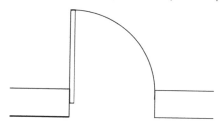

图 4-28　门洞

2）将门洞拉长 300 mm，操作步骤如下：

命令：S ↙　　　　　　　　　　　　//调用命令

以交叉窗口或交叉多边形选择要拉伸的对象……

选择对象：指定对角点：找到 3 个　　//选择对象，如图 4-29 所示

选择对象：↙　　　　　　　　　　　//回车确认选择

指定基点或［位移（D)]〈位移〉：　　//指定选中的左下角点为基点，光标移向左侧水平方向

指定第二个点或〈使用第一个点作为位移〉：　　//输入移动数据，拉伸完成300↙

3）门洞拉伸完成，如图 4-30 所示。

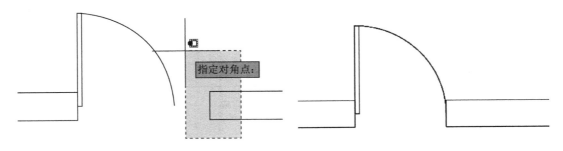

图 4-29　选择拉伸对象　　　　　　　　　　　图 4-30　拉伸门洞完成

4.5　圆角和倒角

4.5.1　圆角对象

圆角对象命令可将两条非平行边按照指定半径的圆弧连接。圆角对象命令可以通过以下三种方式启动：

1）命令行：FILLET/F。

2）功能区："默认"→"修改"→"圆角"命令。

3）菜单栏："修改"菜单下选"圆角"选项。

轻松动手学

拐角沙发

具体操作步骤如下：

1）使用"Ctrl＋N"快捷键新建文件，并绘制如图 4-31 所示的图形。

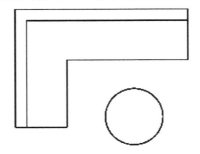

图 4-31　拐角沙发

2）将沙发边进行圆角处理，操作步骤如下：

命令：F ↙　　　　　　　　　　　　//调用命令

当前设置：模式＝修剪，半径＝0.0000　　//提示当前设置

选择第一个对象或［放弃（U）/多段线（P）/半
径（R）/修剪（T）/多个（M）］：R↙　　//选择 R 半径子命令

指定圆角半径〈0.0000〉：1200 ↙　　//输入圆角半径

选择第一个对象或［放弃（U）/多段线（P）/半
径（R）/修剪（T）/多个（M）］：　　　//选择沙发的水平边

选择第二个对象，或按住"Shift"键选择对象以
应用角点或［半径（R）］：　　　　　//选择沙发的垂直边

继续选择其他两组边后，按空格键确认完成

3）完成拐角沙发，如图 4-32 所示。

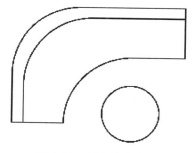

图 4-32　拐角沙发完成

4.5.2　倒角对象

倒角对象命令可将两条非平行边按照指定距离的斜线连接。倒角距离需设置两次，分别是第一倒角距离和第二倒角距离，两个倒角距离的综合必须小于边长。倒角对象命令可以通过以下三种方式启动：

1）命令行：CHAMFER/CHA。

2）功能区：选择"默认"→"修改"→"倒角"命令 ◢。

3）菜单栏："修改"菜单下选"倒角"选项。

轻松动手学

微波炉

具体操作步骤如下：

1）使用"Ctrl＋N"快捷键新建文件，并绘制如图 4-33 所示的图形。

103

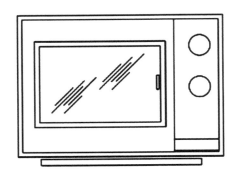

图 4-33　微波炉

2）将微波炉的边进行倒角处理，操作步骤如下：

命令：CHA↙	//调用命令
（"修剪"模式）当前倒角距离1＝0.0000，距离2＝0.0000	//提示当前设置
选择第一条直线或［放弃（U）/多段线（P）/距离（D）/角度（A）/修剪（T）/方式（E）/多个（M）］：D↙	//选择距离子命令
指定 第一个 倒角距离〈0.0000〉：10↙	//输入第一倒角距离
指定 第二个 倒角距离〈10.0000〉：↙	//输入第二倒角距离
选择第一条直线或［放弃（U）/多段线（P）/距离（D）/角度（A）/修剪（T）/方式（E）/多个（M）］：	//选择微波炉的一个水平边
选择第二条直线，或按住 Shift 键选择直线以应用角点或［距离（D）/角度（A）/方法（M）］：	//选择与上个水平边相接的垂直边
继续选择其他各组边后，按空格键确认完成	

3）进行多次倒角命令，完成微波炉的绘制，如图 4-34 所示。

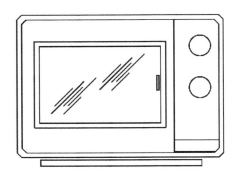

图 4-34　倒角微波炉完成

4.6 打断、合并和分解对象

4.6.1 打断对象

打断对象命令可将线条从指定线段中分离出来或者删除掉，但是不能改变组合图形。打断对象的形式分为打断于一点和打断于两点。打断对象命令可以通过以下三种方式启动：①命令行：BREAK/BR。②功能区："默认"→"修改"→"打断"命令 ███ ███。③菜单栏："修改"菜单下选"打断"选项。

1. 打断于一点

将指定线段由一点打断法进行打断后，线段将分离成两条独立线段但是中间没有空隙，是形式上的一体本质上的独立。选择工具栏中 ███ 即可完成。

轻松动手学

茶几立面

具体操作步骤如下：

1）使用 "Ctrl＋N" 快捷键新建文件，并绘制如图 4-35 所示的图形。

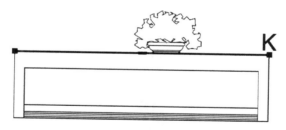

图 4-35 茶几立面

2）使用打断于一点功能修改茶几的边，操作步骤如下：

命令：BREAK ↙   //调用命令

选择对象：↙   //选择茶几的多段线边界

指定第二个打断点 或 ［第一点（F）］：↙   //系统默认 "第一点"

指定第一个打断点：   //选择 K 点为打断点

指定第二个打断点：   //系统默认，表示两点是同一点

3）将打断得到的茶几的水平边向下偏移 20 mm，做出茶几台面的厚度。

4）茶几立面完成，如图 4-36 所示。

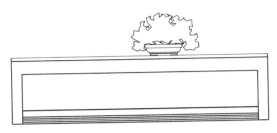

图 4-36　茶几立面

2. 打断于两点

两点打断法可将对象从线段中删除，使得线段外形发生改变。选择工具栏中■即可完成。

轻松动手学

床和地毯

具体操作步骤如下：

1）使用"Ctrl＋N"快捷键新建文件，并绘制如图 4-37 所示的图形。

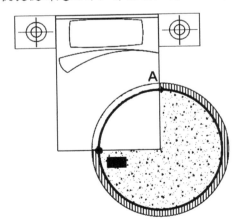

图 4-37　床和地毯

2）使用打断于两点功能修改床和地毯的交叉边，操作步骤如下：

命令：BR↙　　　　　　　　　　　　//调用命令

选择对象：↙　　　　　　　　　　　//选择地毯轮廓

指定第二个打断点 或 [第一点（F）]：F↙　　//选择 F 第一点

指定第一个打断点：　　　　　　　　//选择 A 点为第一断点

指定第二个打断点：　　　　　　　　//选择 B 点为第一打断点，如图

　　　　　　　　　　　　　　　　　4-38所示

3）将床与地毯重合的另一段圆弧打断。

4）床与地毯修改完成，如图 4-39 所示。

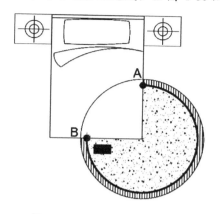

图 4-38　打断于 A、B 两点

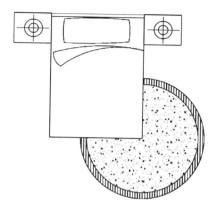

图 4-39　床与地毯修改完成

4.6.2　分解对象

分解对象命令可将复合图形还原成一般图形，如多段线、块、填充图案等。分解对象命令在绘图中使用非常广泛。分解对象命令可以通过以下三种方式启动：

1）命令行：EXPLODE/X。

2）功能区："默认"→"修改"→"分解"命令 ▣。

3）菜单栏："修改"菜单下选"分解"选项。

轻松动手学

电脑桌

具体操作步骤如下：

1）使用"Ctrl＋N"快捷键新建文件，并绘制如图 4-40 所示的图形。

图 4-40　电脑桌

2）使用分解对象命令把电脑桌分解开，操作步骤如下：

命令：X↙　　　　　　　　　　　　　　　//调用命令

选择对象：指定对角点：找到 1 个　　　　　//框选电脑桌

选择对象：↙　　　　　　　　　　　　　　//确认分解对象

3）电脑桌分解完成，如图 4-41 所示。

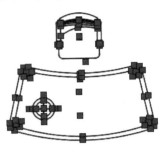

图 4-41　电脑桌分解完成

4.6.3　合并对象

合并对象命令能将相似的图形对象合并成一个完整对象，常用于圆弧、椭圆弧、多段线等。合并对象命令可以通过以下三种方式启动：

1）命令行：JOIN/J。

2）功能区："默认"→"修改"→"合并"命令 ━┼━ 。

3）菜单栏："修改"菜单下选"合并"选项。

4.7　图块命令

4.7.1　定义块

定义块可将图中绘制的部分图形选中组成块，块的定义类似群组，定义过的块不能被直接修改，必须通过分解才能进行编辑。定义块命令可以通过以下三种方式启动：

1）命令行：BLOCK/B。

2）功能区："默认"→"块"→"创建"命令 🖼️ 。

3）功能区："插入"→"块定义"→"创建块"命令。

轻松动手学

四人餐桌

具体操作步骤如下：

1）使用"Ctrl＋N"快捷键新建文件，并绘制如图 4-42 所示的图形。

2）将四人餐桌定义成块，具体操作步骤如下：

a. 调用"BLOCK/B"命令后，弹出"块定义"对话框，如图 4-43 所示。

b. 点击对象菜单下的 ⌖ 选择对象后，将四人餐桌框选中并按回车键确认。

c. 点击基点菜单下的 ⌖ 拾取点后，拾取餐桌的左下角点为基点。

d. 在名称栏输入"四人餐桌"后确认，如图 4-44 所示。

3）四人餐桌块定义完成，如图 4-45 所示。

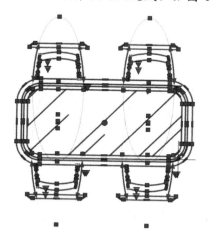

图 4-42　四人餐桌

图 4-43　"块定义"对话框

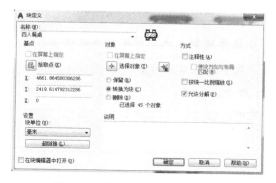

图 4-44　块定义设置

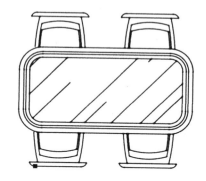

图 4-45　四人餐桌块定义完成

4.7.2　写块

写块可将指定图块从图形中单独被保存为 DWG 格式文件，打开后只有该指定图形并且可做单独文件使用。写块命令可以通过以下两种方式启动：

1）命令行：WBLOCK/W。

2）功能区："插入"→"块定义"→"写块"命令 。

小区景观节点

具体操作步骤如下：

1) 使用"Ctrl＋N"快捷键新建文件，并绘制如图4-46所示的图形。

2) 将小区景观从小区中提取出来，具体操作步骤如下：

a. 调用"WBLOCK/W"命令后，弹出"写块"对话框，如图4-47所示。

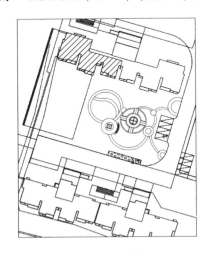

图4-46　小区景观

图4-47　"写块"对话框

b. 点击对象菜单下的 ⊹ 选择对象后，将小区景观节点选中并按回车键确认。

c. 点击基点菜单下的 📇 拾取点后，拾取景观节点中心点为基点。

d. 修改文件名和路径后确认，如图4-48所示。

3) 小区景观节点写块完成，如图4-49所示。

图4-48　写块设置

图4-49　小区景观节点写块完成

4.8　定位工具

在 AutoCAD 2018 中，帮助绘图时精确定位的工具有追踪、捕捉等，下面来介绍室内装潢设计中常用的定位工具。

4.8.1　栅格

栅格由指定数值的水平和垂直辅助线构成，相当于图纸上的坐标值。栅格可以帮助绘图者精确的定位和比对数值，打印时不会被输出，只作为辅助用。栅格的显示有两种方法控制：

1）键盘："F7"键。

2）状态栏："显示图形栅格"按钮 ▦。

在状态栏中右键单击栅格图标，跳出"草图设置"对话框，根据需要调整设置，如图4-50 所示。栅格间距可以改变栅格密度。单击"显示图形栅格"按钮打开栅格捕捉模式，可在绘图中捕捉到栅格位置。

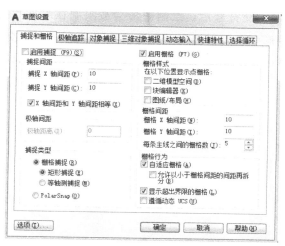

图 4-50　"草图设置"对话框

4.8.2　捕捉

开启捕捉功能可以更便捷的搭配栅格使用，捕捉功能开启时，十字光标只能选取到栅格点上，不能自由选择，所以只能绘制栅格的整倍数距离，如图 4-51 所示。捕捉功能有两种方法控制：

1）键盘："F9"键。

2）状态栏："捕捉模式"按钮 ▦。

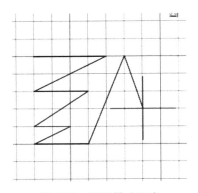

图 4-51　捕捉模式开启

4.8.3　正交

正交模式开启时，只能绘制水平和垂直的直线。正交模式有两种方法控制：

1）键盘："F8"键。

2）状态栏："正交限制光标"按钮 。

在状态栏中点亮 正交符号后，绘制图形会被限制在水平和垂直方向上，如图4-52所示。如果所绘制的图形中有大量的水平和垂直线时适合开启正交模式，方向被锁定后，可以杜绝把线画歪。再次单击图标关闭正交模式，绘图方向不再被限制，如图4-53所示。

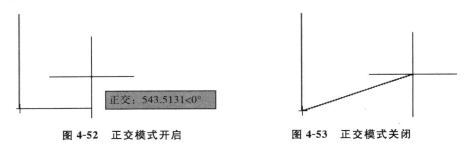

图 4-52　正交模式开启　　　　　　　图 4-53　正交模式关闭

4.8.4　对象捕捉

对象捕捉可以精确捕捉到图形中的各种特征点，比如线的端点和中点、圆的圆心和切点等。对象捕捉有两种方法控制：

1）键盘："F3"键。

2）状态栏："对象捕捉"按钮 。

对象捕捉开始后，系统根据用户设置，在图形中自动捕捉特征点，不同的特征点有不同的集合图形表示。鼠标右键单击图标，出现常用的特征点菜单，如图 4-54 所示，点击最下方"对象捕捉设置"弹出"草图设置"对话框，在"对象捕捉"选项卡下有全部的特征点可供勾选，如图 4-55 所示。

图 4-54　常用特征点菜单

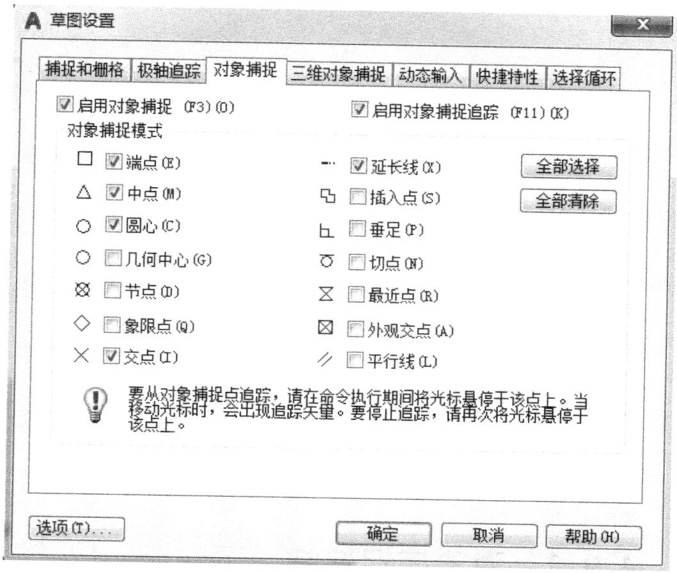

图 4-55　设置对象捕捉

4.9　自动追踪

自动追踪功能显示出软件的智能性和联想性，帮助绘图者找到图形中隐藏的特征点。自动追踪功能分为极轴追踪和对象捕捉追踪两种。

4.9.1　极轴追踪

极轴追踪功能可以以虚线辅助线的形式显示出线段的延伸线。极轴是一条无限长的延伸线，光标可以在延伸线上进行捕捉，如图 4-56 所示。鼠标右键单击图标选择"对象捕捉设置"，弹出"草图设置"，再选择"极轴追踪"即可根据需要设置，如图 4-57 所示。极轴追踪有两种方法控制：

1）键盘："F10"键。

2）状态栏："极轴追踪"按钮  。

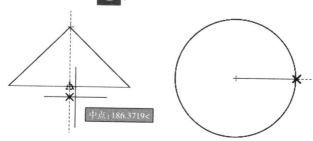

图 4-56　极轴追踪

113

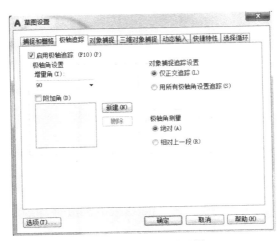

图 4-57　极轴追踪设置

4.9.2　对象捕捉追踪

对象捕捉追踪可以根据图形的关系找到一些隐蔽的关系点，角度和数值都不受限制，只根据位置进行捕捉，如图 4-58 所示。对象捕捉追踪有两种方法控制：

1）键盘："F11"键。

2）状态栏："对象捕捉追踪"按钮 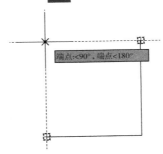 。

图 4-58　对象捕捉追踪

第5章

绘制图形

内容简介：

本章主要学习图层模板的基础知识，了解如何设置图层、标注样式以及多行文字对象与文本样式，掌握绘制立面指向标、绘制标高符号。

内容要点：

设置图层、标注样式

设置多行文字对象与文本样式

绘制立面指向标

绘制标高符号

绘制A3图框

5.1　图层设置

在 AutoCAD 2018 中，将轴线、墙体、门窗、家具、顶棚、铺地、标注等分别分层后可以提高绘图效率，每个图形相对独立，可以分别编辑和锁定。

轻松动手学

新建墙体图层

具体操作步骤如下：

1）在命令行输入"LAYER/LA"或者选择功能区"默认"→"图层"→"图层特征"，弹出"图层特征管理器"对话框，如图 5-1 所示。

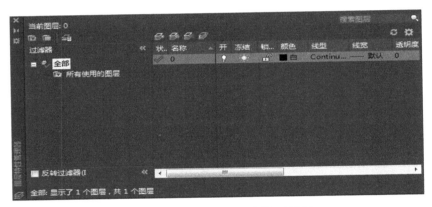

图 5-1　"图层特征管理器"对话框

2）单击对话框上的"新建图层"，创建一个新的图形，在名称栏将图层命名为"墙体 _ QT"，设置颜色为白色，如图 5-2 所示。

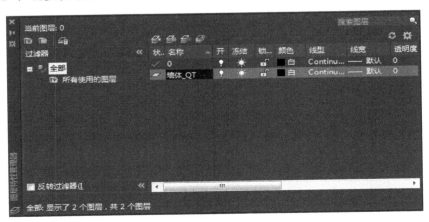

图 5-2　设置"墙体"图层

3）单击"置为当前"  按钮并关闭"图层特性管理器"对话框后，功能区上的图层将默认为"墙体 _ QT"图层，如图 5-3 所示。在绘图区绘制的图形将归为"墙体 _ QT"图层下，建立不同的图层，以便于对图形的管理和编辑。

图 5-3　图层设置

5.2　标注样式设置

尺寸标注由尺寸线、尺寸界线、箭头和文本四部分组成，所有的设置都在标注样式管理器中进行。启用标注样式管理器的方法有以下两种：

1）命令行：DIMSTYLE/D。

2）功能区："注释"→"标注"→"标注样式"命令 。

轻松动手学

设置标注样式

具体操作步骤如下：

1）在命令行中输入"DIMSTYLE/D"命令或者在功能区选择"注释"→"标注"→"标注样式"命令 ，弹出"标注样式管理器"对话框，如图 5-4 所示。

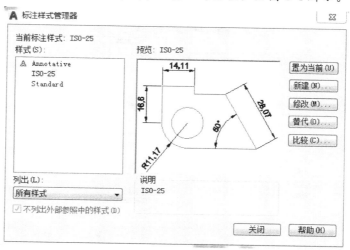

图 5-4　"标注样式管理器"对话框

2）单击"标注样式管理器"对话框中的"新建"按钮，弹出"创建新标注样式"对话框。修改"新样式名"为"室内装潢标注样式"，如图5-5所示。

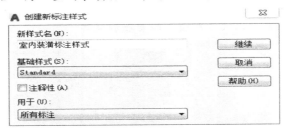

图 5-5　"创建新标注样式"对话框

3）点击"继续"按钮进行"室内装潢标注样式"的编辑。系统弹出"新建标注样式：室内装潢标注样式"对话框，在"线"选项卡下修改相关参数，如图5-6所示。

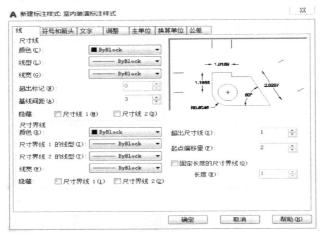

图 5-6　"线"选项卡

4）在"符号和箭头"选项卡下修改相关参数，如图5-7所示。

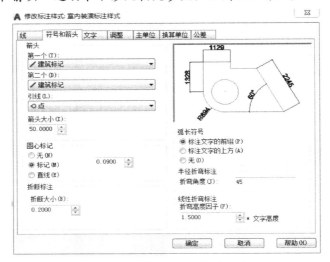

图 5-7　"符号和箭头"选项卡

5）在"文字"选项卡下修改相关参数，如图 5-8 所示。

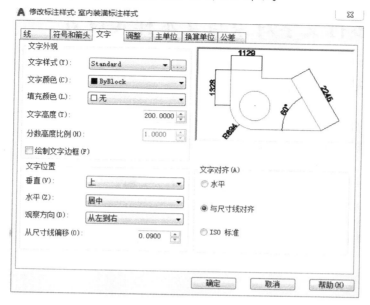

图 5-8　"文字"选项卡下参数设置

6）在"主单位"选项卡下修改"精度"为"0"。

7）继续修改"调整"选项卡下参数，如图 5-9 所示。修改完成后点击"确认"按钮，返回"标注样式管理器"对话框后点"关闭"按钮，完成"室内装潢标注样式"的创建。

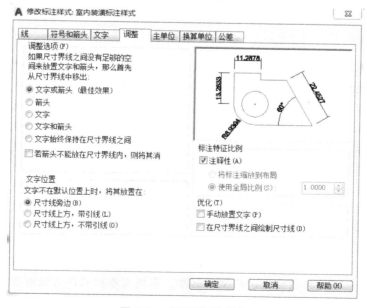

图 5-9　"调整"选项卡

5.3　多行文字对象与文本样式设置

5.3.1　多行文字对象

多行文字对象命令可以自由的任何指定位置录入文字，文字的大小、字体、颜色等不受制约。启用多行文字对象的方法有以下两种：

1）命令行：MTEXT/T。

2）功能区："默认"→"注释"→"文字"命令 **A**。

轻松动手学

设置图名

具体操作步骤如下：

1）在命令行输入"MTEXT/T"命令或者选择"默认"→"注释"→"文字"命令，用十字光标在指定位置以对角点框选，弹出文字编辑器，在功能区的下根据需要修改数据，如图 5-10 所示。

图 5-10　文字编辑器

2）在文字框中输入"某小区三室两厅 A 户型室内设计"后，点击"文字编辑器"最后方的"关闭文字编辑器"完成操作，如图 5-11 所示。

图 5-11　文字编辑完成

5.3.2　文本样式设置

文字样式设置是对字体、大小、高度、颜色、间距等的设置集合。在标注文字前应设置文本样式，指定相关参数后再进行文字标注。启用文本样式的方法有以下两种：

1）命令行：STYLE/ST。

2）功能区："注释"→"文字"→"文字样式"命令 **A**。

轻松动手学

设置文字样式

具体操作步骤如下：

1）在命令行输入"STYLE/ST"或者选择"注释"→"文字"→"文字样式"命令，弹出"文字样式"对话框，如图 5-12 所示。

图 5-12　"文字样式"对话框

2）点击"新建"按钮，弹出"新建文字样式"对话框，修改样式名为"仿宋"后，点击"确认"按钮返回到"文字样式"对话框。

3）根据需要修改"当前文字样式：仿宋"下的设置，如图 5-13 所示。

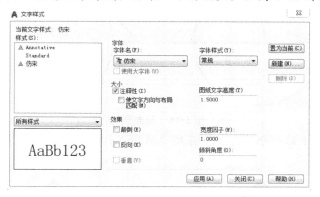

图 5-13　"当前文字样式：仿宋"的设置

4）单击"应用"按钮完成文字样式的设置。

5.4　绘制立面指向标

立面指向标是室内装潢设计中的常用符号，在室内设计平面图布置图中使用，用以指示各立面图所绘内容在平面图中的对应位置。立面指向标中的字母符号与立面图图纸名称相对应，方便看图人快速找到立面图对应平面图中的位置。

轻松动手学

绘制立面指向标

具体操作步骤如下：

1）使用"PLINE/PL"多段线命令绘制一条长 380 mm 的水平线，然后输入"＜45"将多段线的角度锁定，再用十字光标捕捉到斜线与水平线中点垂直延伸线的交点后拾取，最后输入"C 闭合线段"，如图 5-14 所示。

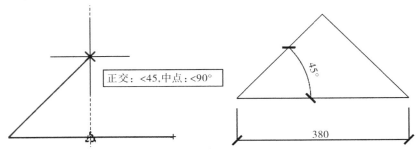

图 5-14　绘制三角形（mm）

2）以三角形的水平边长的中点为圆心，与三角形斜边的切点为半径作圆，然后将圆与三角形相交的一段直线修剪掉，如图 5-15 所示。

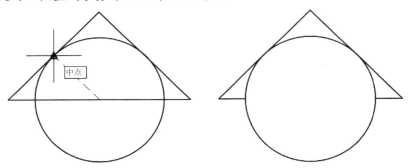

图 5-15　绘制圆形

3）把三角形剩下的部分填充后，再用"MTEXT/T"命令在圆中输入名称"A"，如图 5-16 所示。

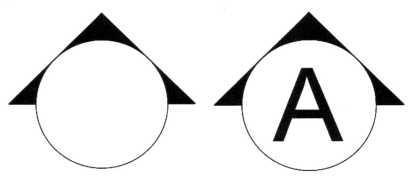

图 5-16　绘制立面指向标完成

立面指向标的形式除了单向的，还有双向和四向的，如图 5-17 所示。圆形代表观察的位置，黑色三角形代表观察的方向，而字母代表与立面图对照的编号。

图 5-17　双向和四向立面指向标

5.5　绘制标高符号

标高是指建筑物各部分的高度，是建筑物某一部位相对于基准面（相对零度标高）的竖向高度，是竖向定位的依据。在室内装潢设计中常用于错层或多层户型的立面图和剖面图，认定设计对象的一层地面为基准面（相对零度标高）0.000，其他地面高度数值相对基准面（零度标高）产生，低于基准面（相对零度标高）的数值前加"—"号，高于基准面（相对零度标高）的数值前不用加符号。标高数值精确到小数点后三位，0 不可省略。

轻松动手学

绘制标高符号

具体操作步骤如下：

1）使用"PLINE/PL"多段线命令绘制一条长 80 mm 的水平线，然后输入"＜45"将多段线的角度锁定，再用十字光标捕捉到斜线与水平线中点垂直延伸线的交点后拾取，最后输入"C 闭合线段"，如图 5-18 所示。

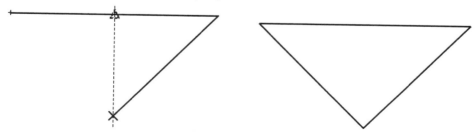

图 5-18　绘制倒三角形

命令：PL ↙   //调用命令

指定起点：

当前线宽为 0.0000   //提示当前设置

指定下一个点或 ［圆弧（A）/半宽（H）/长度（L）/放弃（U）/宽度（W）］：80 ↙   //光标移向右侧水平方向，输入数值

指定下一点或 ［圆弧（A）/闭合（C）/半宽（H）/长度（L）/放弃（U）/宽度（W）］：〈45 ↙   //输入角度限制

角度替代：45

指定下一点或 ［圆弧（A）/闭合（C）/半宽（H）/长度（L）/放弃（U）/宽度（W）］：   //找到与直线中点垂直延伸线的交点

指定下一点或 ［圆弧（A）/闭合（C）/半宽（H）/长度（L）/放弃（U）/宽度（W）］：C ↙   //闭合完成绘制

2）使用"LINE/L"命令在绘制完成的三角形右侧加上一条直线，使用"MTEXT/T"命令在直线上输入数值"0.000"，如图 5-19 所示。标高符号完成。

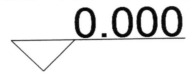

图5-19　标高符号

3）调用"BLOCK/B"命令弹出"块定义"对话框，输入名称为"标高符号"，点击"对象"栏下的"选择对象"按钮，将标高符号选中后回车回到"块定义"对话框，再单击"基点"下的"拾取点"，拾取标高符号三角形的最下点为基点，最后将"方式"下的"注释性"复选框勾选中，如图 5-20 所示。

图5-20　"块定义"对话框

5.6　绘制 A3 图框

本章以室内装潢设计出图常用的 A3 图纸做示范，讲解图框的画法。A3 图纸的大小为 420 mm×297 mm，如图 5-21 所示。

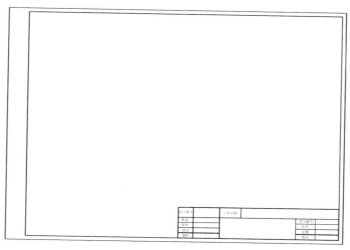

图 5-21　A3 图纸

轻松动手学

绘制 A3 图框

具体操作步骤如下：

1）新建"图框＿TK"图层，设置颜色为"白"，将其置为当前。

2）使用"RECTANG/REC"命令绘制一个 420 mm×297 mm 的矩形，再用"EX-PLODE/X"命令将矩形分解。

3）使用"OFFSET/O"命令，将四条线偏移再用"TRIM"命令修剪，偏移数值如图 5-22 所示。

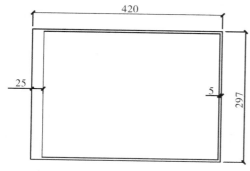

图 5-22　偏移线段（mm）

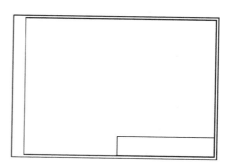

图 5-23　绘制"标题框"

4）使用"RECTANG/REC"命令绘制 200 mm×40 mm 的矩形为"标题框"，如图 5-23 所示。

5）在功能区"注释"框中选中表格选项 ⊞，弹出"插入表格"对话框。在"插入方式"下选中"指定窗口"单选按钮，在"列和行设置"下设置为 6 列 4 行，在"设置单元样式"下的三个选项全部选中"数据"选项，如图 5-24 所示。点击"确定"按钮后拾取两对角点，如图 5-25 所示。

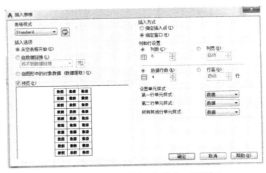

图 5-24　"插入表格"对话框

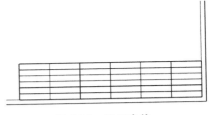

图 5-25　绘制表格

6）合并单元格。选中需要合并的单元格后点击右键选则"合并"菜单下的"全部"选项，如图 5-26 所示。

7）调整单元格列宽度。选中表格后，移动每一列中间的夹点，如图 5-27 所示。

图 5-26　合并单元格

图 5-27　调整夹点

8）双击需要输入文字的单元格，在"文字编辑器"的"段落"栏中点击"对正" 𝖠，选中"正中"对正，然后输入相关文字，A3 图框绘制完成，如图 5-28 所示。

设计单位		工程名称			
负责				项目编号	
审核				图号	
设计				总数	
制图				版次	

图 5-28　添加并设置文字

9）调用"BLOCK/B"命令弹出"块定义"对话框，输入名称为"A3 图框"，点击"对象"栏下的"选择对象"按钮，将 A3 图框选中后回车回到"块定义"对话框，再单击"基点"下的"拾取点"，拾取图框的左下角点为基点，最后将"方式"下的"注释性"勾选中，确认后关闭。

第6章
绘制常用家具平面图、立面图

内容简介：

    本章主要学习绘制常用家具平面图、立面图，讲解室内陈列设计中较为常见的一些家具及电器等设施的绘制方法。

内容要点：

    家具平面图绘制

    家具立面图绘制

在室内装饰设计中，常常需要绘制家具、电器、洁具和厨具等各项实施，以便能更好并且真实地表达设计效果，本章讲解室内陈列设计中较为常见的一些家具及电器等设施的绘制方法。通过这些实际案例，可以了解到室内家具等设施的尺寸大小、规格以及结构，并且能练习前面章节所学到的 AutoCAD 2018 的一些绘图和编辑命令。

6.1 家具平面图绘制

家具图形各式各样、种类繁多，是室内设计中非常重要的组成部分，能反映空间布局以及整个装潢风格，并且能掌握一定的人体工程学。

6.1.1 绘制转角沙发和茶几

沙发和茶几通常摆放在客厅或者办公空间、酒店休息区等区域。本节详细介绍如图 6-1 所示转角沙发和茶几的绘制方法。

1）绘制沙发组。调用"PLINE/PL"命令，绘制多段线，如图 6-2 所示。

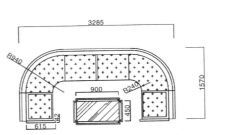

图 6-1　转角沙发和茶几（mm）

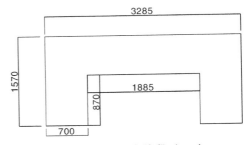

图 6-2　绘制多线段（mm）

2）调用"FILLET/F"命令，对多段线进行圆角，如图 6-3 所示。

3）调用"EXPLODE/X"命令，对多段线进行分解。

4）调用"OFFSET/O"命令，将圆弧和线段向内偏移 45 mm 和 90 mm，如图 6-4 所示。

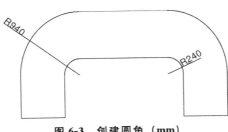

图 6-3　创建圆角（mm）

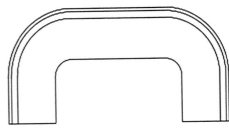

图 6-4　偏移圆弧和线段

5）调用"LINE/L"命令和"OFFSET/O"命令，绘制线段，如图 6-5 所示。

6）调用"RECTANG/REC"命令，绘制一个尺寸为 490 mm×550 mm 的矩形，并移动到相应的位置，如图 6-6 所示。

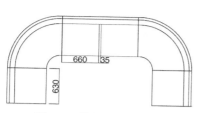

图 6-5　绘制线段（mm）

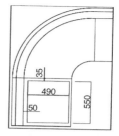

图 6-6　绘制矩形（mm）

7）调用"MIRROR/MI"命令，对矩形进行镜像，如图 6-7 所示。

8）调用"RECTANG/REC"命令和"MIRROR/MI"命令，绘制沙发扶手，如图 6-8所示。

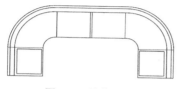

图 6-7　镜像矩形

图 6-8　绘制沙发扶手（mm）

9）调用"HATCH/H"命令，在命令中输入"T"命令，弹出"图案填充和渐变色"对话框，在其中填充参数，在坐垫区域填充"CROSS"图案，如图 6-9 所示。

10）调用"RECTANG/REC"命令，绘制尺寸为 900 mm×450 mm 的矩形，表示茶几，如图 6-10 所示。

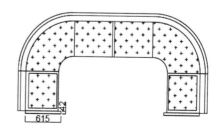

图 6-9　填充参数和效果（mm）

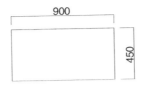

图 6-10　绘制矩形（mm）

11）继续调用 "RECTANG/REC" 命令，绘制尺寸为 930 mm×25 mm，圆角半径为 10 mm 的圆角矩形并移动至相应的位置，如图 6-11 所示。

12）调用 "COPY/CO" 命令，将圆角矩形向下复制，如图 6-12 所示。

13）使用同样的方法，绘制两侧的圆角矩形，如图 6-13 所示。

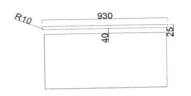 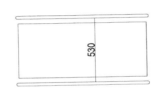 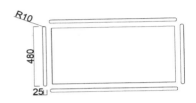

图 6-11　绘制两侧圆角矩形（mm）　图 6-12　复制圆角矩形（mm）　图 6-13　绘制两侧圆角矩形（mm）

14）调用 "PLINE/PL" 命令，绘制多段线，如图 6-14 所示。

15）调用 "OFFSET/O" 命令，将多段线向右偏移 20 mm，然后对多段线进行延伸，如图 6-15 所示。

16）调用 "MIRROR/MI" 命令，对多段线进行镜像，如图 6-16 所示。

 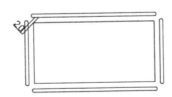 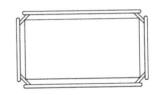

图 6-14　绘制多段线　　　　图 6-15　偏移多段线（mm）　　　图 6-16　镜像多段线

17）调用 "HATCH/H" 命令，再在命令行中输入 "T" 命令，弹出 "图案填充和渐变色" 对话框，在对话框中填充参数，在茶几矩形内填充 "AR-RROOF" 图案，如图 6-17 所示。

18）调用 "MOVE/M" 命令，将茶几移动到相应的位置，如图 6-18 所示，完成转角沙发和茶几的绘制。

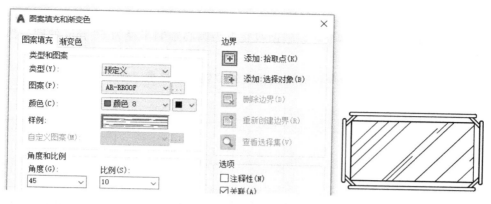

图 6-17 填充参数和效果

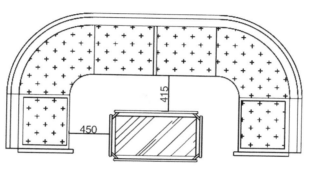

图 6-18 移动茶几 （mm）

6.1.2 绘制床和床头柜

床是卧室的主要家具，本节介绍双人床和床头柜的绘制方法，绘制完成的效果如图 6-19 所示。

1）绘制床，调用"RECTANG/REC"命令，绘制一个尺寸为 1 800 mm×2 100 mm 的矩形，如图 6-20 所示。

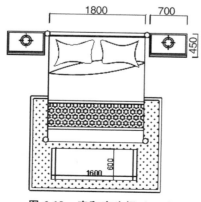

图 6-19 床和床头柜 （mm）

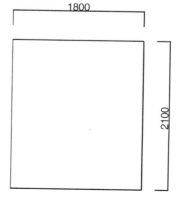

图 6-20 绘制矩形 （mm）

2）调用 "LINE/L" 命令，绘制辅助线，如图 6-21 所示，

3）调用 "CIRCLE/C" 命令，以辅助线交点为圆心绘制半径为 50 mm 的圆，然后删除辅助线，如图 6-22 所示。

4）调用 "TRIM/TR" 命令，对线段相交的位置进行修剪，如图 6-23 所示。

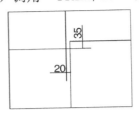

图 6-21 绘制辅助线（mm）

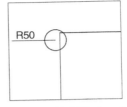

图 6-22 绘制圆（mm）

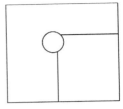

6-23 修剪线段（mm）

5）调用 "MIRROR/MI" 命令，对圆进行两次镜像，然后对线段进行修剪，效果如图 6-24 所示。

6）调用 "OFFSET/O" 命令和 "TRIM/TR" 命令，绘制线段，如图 6-25 所示。

7）调用 "LINE/L" 命令和 "OFFSET/O" 命令，绘制线段，如图 6-26 所示。

图 6-24 镜像圆并修剪线段

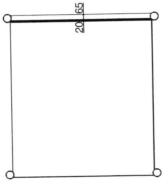

图 6-25 绘制线段（mm）

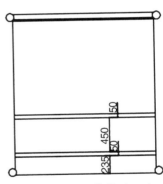

图 6-26 绘制线段（mm）

8）调用 "HATCH/H" 命令，再在命令行中输入 "T" 命令，弹出 "图案填充和渐变色" 对话框，在对话框中填充参数设置，在线段内填充 "STARS" 图案，如图 6-27 所示。

图 6-27 填充参数和效果

9）绘制床头柜，调用"RECTANG/REC"命令，绘制一个尺寸为 700 mm×450 mm 的矩形，如图 6-28 所示。

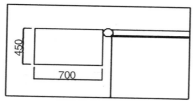

图 6-28　绘制矩形（mm）

10）调用"LINE/L"命令，绘制线段，如图 6-29 所示。

11）调用"RECTANG/REC"命令，绘制矩形，然后将矩形向内偏移 25 mm，如图6-30所示。

12）调用"LINE/L"命令，绘制辅助线，如图 6-31 所示。

图 6-29　绘制线段（mm）

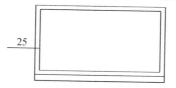

图 6-30　偏移矩形（mm）

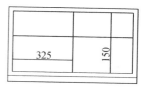

图 6-31　绘制辅助线（mm）

13）调用"CIRCLE/C"命令，以辅助线的交点为圆心，绘制半径为 100 mm 的圆，如图 6-32 所示。

14）调用"OFFSET/O"命令，将圆向内偏移 30 mm，如图 6-33 所示。

15）调用"LINE/L"命令，绘制线段，如图 6-34 所示。

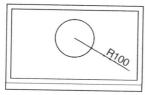

图 6-32　绘制圆（mm）

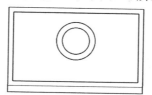

图 6-33　偏移圆

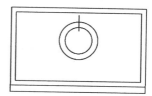

图 6-34　绘制线段

16）调用"COPY/CO"命令和"ROTATE/RO"命令，对线段进行复制和旋转，效果如图 6-35 所示。

17）调用"MIRROR/MI"命令，将床头柜镜像到床的另一侧，如图 6-36 所示。

18）绘制床尾凳，调用"RECTANG/REC"命令，绘制尺寸为 1 660 mm×600 mm 的矩形，如图 6-37 所示。

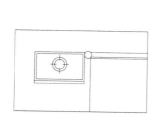

图 6-35　对线段进行复制和旋转

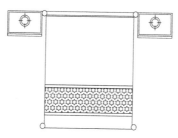

图 6-36　镜像床头柜

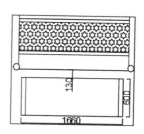

图 6-37　绘制矩形（mm）

19）调用"LINE/L"命令，绘制线段，如图 6-38 所示。

20）绘制地毯，调用"RECTANG/REC"命令，绘制尺寸 2 365 mm×1 715 mm，圆角半径为 5 mm 的圆角矩形，如图 6-39 所示。

21）调用"TRIM/T"命令，对圆角矩形与床相交的位置进行修剪，如图 6-40 所示。

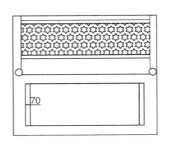

图 6-38　绘制线段（mm）

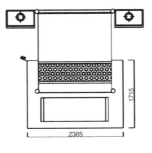

图 6-39　绘制圆角矩形（mm）

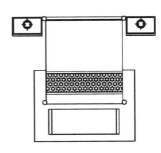

图 6-40　修剪线段

22）调用"OFFSET/O"命令，将圆角矩形向外偏移 50 mm，如图 6-41 所示。

23）调用"HATCH/H"命令，在圆角矩形内填充 CROSS 图案，填充比例为 10，角度默认，填充效果如图 6-42 所示。

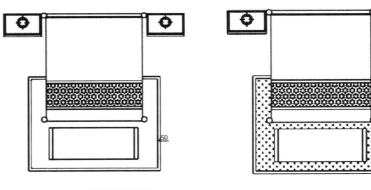

图 6-41　偏移圆角矩形　　　　　　　图 6-42　填充效果

6.1.3　绘制电脑椅

本例讲解如图 6-43 所示圆形电脑椅的绘制方法及技巧。

1）绘制坐垫，调用"CIRCLE/C"命令，绘制一个半径为 250 mm 的圆，如图 6-44 所示。

2）调用"OFFSET/O"命令，将圆向外偏移 20 mm，如图 6-45 所示。

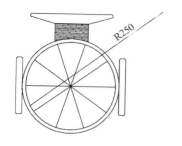

图 6-43　电脑椅（mm）

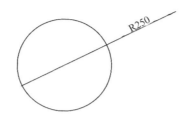

图 6-44　绘制圆（mm）

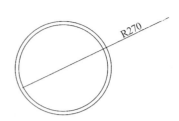

图 6-45　偏移圆（mm）

3）调用"LINE/L"命令，捕捉内圆象限点，绘制线段如图 6-46 所示。

4）调用"ARRAY/AR"命令，对线段进行环形阵列，阵列数为 5，如图 6-47 所示。

5）绘制扶手，调用"RECTANG/REC"命令，绘制一个尺寸为 35 mm×325 mm，圆角半径为 10 mm 的圆角矩形，如图 6-48 所示。

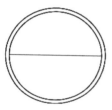

图 6-46　绘制线段

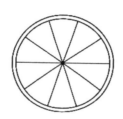

图 6-47　环形阵列图

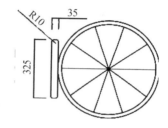

图 6-48　绘制圆角矩形（mm）

6）调用"MIRROR/MI"命令，将圆角矩形镜像到右侧，如图 6-49 所示。

7）绘制靠背，调用"PLINE/PL"命令，绘制多段线，如图 6-50 所示。

8）调用"HATCH/H"命令，再在命令行中输入"T"命令，弹出"图案填充和渐变色"对话框，在对话框中填充参数，在多段线内填充"DOLMIT"图案，如图 6-51 所示。效果如图 6-52 所示。

图 6-49　镜像圆角矩形

图 6-50　绘制多段线（mm）

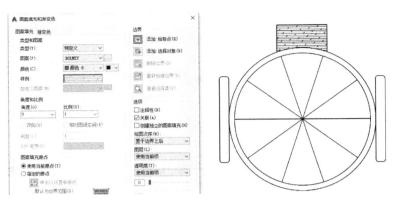

图 6-51　填充参数　　　　　图 6-52　填充效果

9）调用"RECTANG/REC"命令绘制尺寸为 460 mm×20 mm，圆角半径为 10 mm 的圆角矩形，移动至相应位置，如图 6-53 所示。

10）调用"EXPLODE/X"命令，对圆矩形进行分解，然后删除多余的线段，如图 6-54所示，完成电脑椅的绘制。

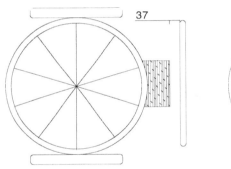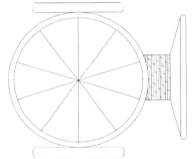

图 6-53　绘制圆角矩形（mm）　　　　图 6-54　完成电脑椅的绘制

6.1.4　绘制浴缸

浴缸有心形、圆形、椭圆形、长方形和三角形等，本例讲解如图 6-55 所示心形浴缸的绘制方法。心形浴缸大多放在墙角，以充分利用卫生间的空间。

1）调用"RECTANG/REC"命令，绘制一个边长为 1 300 mm 的正方形，如图 6-56 所示。

2）调用"CHAMFER/CHA"命令，对最外侧的矩形进行倒角，倒角的距离为 700 mm，如图 6-57 所示。

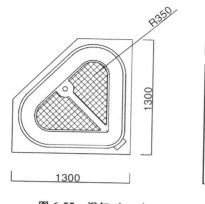

图 6-55　浴缸（mm）

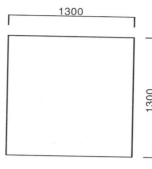

图 6-56　绘制矩形（mm）

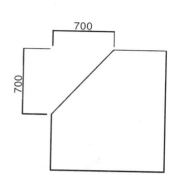

图 6-57　创建倒角（mm）

3）调用 "OFFSET/O" 命令，将倒角后的矩形向内偏移 65 mm、30 mm、150 mm 和 20 mm，如图 6-58 所示。

4）调用 "FILLET/F" 命令，对偏移后的矩形进行圆角，如图 6-59 所示。

5）调用 "LINE/L" 命令，捕捉端点和中点绘制线段，如图 6-60 所示。

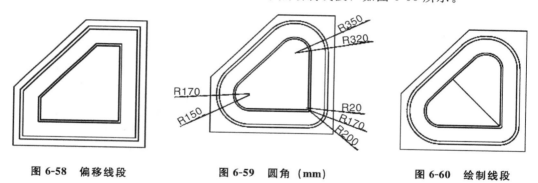

图 6-58　偏移线段

图 6-59　圆角（mm）

图 6-60　绘制线段

6）调用 "OFFSET/O" 命令，将线段分别向两侧偏移 35 mm，如图 6-61 所示。

7）调用 "TRIM/TR" 命令，修剪多余的线段，如图 6-62 所示。

8）调用 "LINE/L" 命令，绘制辅助线，如图 6-63 所示。

图 6-61　偏移线段

图 6-62　修剪线段

图 6-63　绘制辅助线（mm）

9）调用 "CIRCLE/C" 命令，以辅助线的交点为圆心绘制半径为 25 mm 和 95 mm的圆，然后删除辅助线，如图 6-64 所示。

10）调用"TRIM/TR"命令，修剪多余的线段和圆，如图 6-65 所示。

11）调用"ARC/A"命令，绘制圆弧，并对线段进行调整，使其效果如图 6-66 所示。

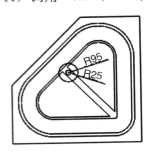
图 6-64　绘制圆（mm）

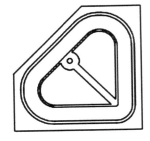
图 6-65　修剪线段和圆

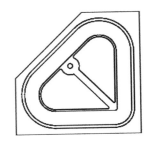
图 6-66　绘制圆弧和调整线段

12）调用"HATCH/H"命令，再在命令行中输入"T"命令，弹出"图案填充和渐变色"对话框，在对话框中填充参数，在图形内填充"用户定义"图案，如图 6-67 所示。

13）调用"PLINE/PL"命令，绘制多段线，如图 6-68 所示，完成浴缸的绘制。

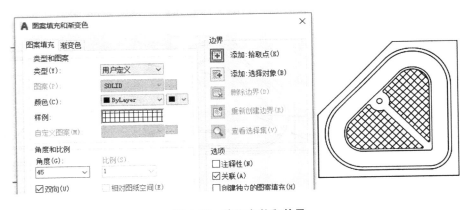
图 6-67　填充参数和效果

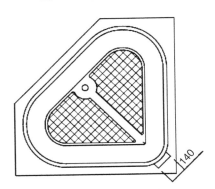
图 6-68　绘制多段线

6.1.5　绘制地面拼花

地面拼花是指地面装饰材料的拼接方法，常用于别墅客厅、餐厅等地面装修，本例讲解图 6-69 所示地面拼花的绘制方法。

1）调用"RECTANG/REC"命令，绘制一个边长为 2 500 mm 的矩形，如图 6-70 所示。

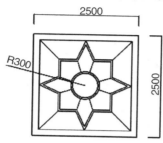

图 6-69　地面拼花（mm）

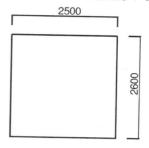

6-70　绘制矩形（mm）

2）调用"OFFSET/O"命令，将矩形向内偏移 150 mm、460 mm 和 40 mm，如图 6-71所示。

3）调用"LINE/L"命令，绘制线段连接矩形的对角线，如图 6-72 所示。

4）调用"LINE/L"命令和"OFFSET/O"命令，绘制线段，如图 6-73 所示。

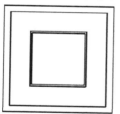

图 6-71　偏移矩形

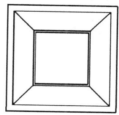

图 6-72　绘制对角线

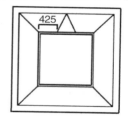

6-73　绘制线段（mm）

5）调用"OFFSET/O"命令，将多段线向内偏移 40 mm，如图 6-74 所示。

6）调用"TRIM/TR"命令，对多余的线段进行修剪，然后对线段进行调整，如图 6-75所示。

7）调用"COPY/CO"命令、"ROTATE/RO"命令，对多段线进行复制和旋转，并对多余的线进行修剪，如图 6-76 所示。

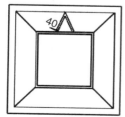

图 6-74　偏移多段线（mm）

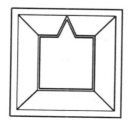

图 6-75　修剪并调整线段

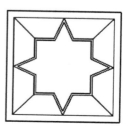

图 6-76　复制和旋转多段线

8）调用 "CIRCLE/C" 命令，以矩形的中点为圆心，绘制半径为 300 mm 和 340 mm 的圆，如图 6-77 所示。

9）调用 "LINE/L" 命令，绘制线段，如图 6-78 所示。

10）调用 "TRIM/TR" 命令，对线段进行修剪，效果如图 6-79 所示，完成地面拼花的绘制。

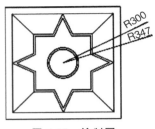

图 6-77　绘制圆

图 6-78　绘制线段

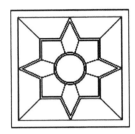

图 6-79　修剪线段

6.1.6　绘制会议桌

会议桌通常用于办公空间的会议室内，其类型有方形、长形、圆形和椭圆形等。本例介绍如图 6-80 所示椭圆形会议桌的绘制方法。

1）调用 "ELLIPSE/EL" 命令，绘制长轴长度为 6 900 mm、半轴长度为 3 900 mm 的椭圆，如图 6-81 所示。

2）调用 "OFFSET/O" 命令，将椭圆向外偏移 40 mm、470 mm 和 40 mm，如图 6-82所示。

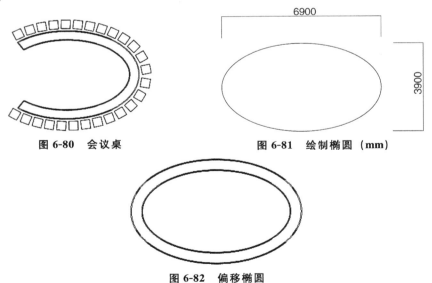

图 6-80　会议桌

图 6-81　绘制椭圆（mm）

图 6-82　偏移椭圆

3）调用 "LINE/L" 命令，绘制线段，如图 6-83 所示。

4）调用 "OFFSET/O" 命令，将线段向内偏移，偏移距离为 30 mm，然后对线段进行调整，如图 6-84 所示。

5）调用"MIRROR/MI"命令，对线段进行镜像，如图 6-85 所示。

图 6-83 绘制线段　　　图 6-84 偏移线段　　　图 6-85 镜像线段

6）调用"TRIM/TR"命令，对线段和椭圆进行修剪，如图 6-86 所示。

7）从图库中插入办公椅图块，如图 6-87 所示。

8）调用"ARRAY/AR"命令，对办公椅进行路径阵列，选择外围椭圆作为路径曲线，设置项目为 13，距离为 650 mm，效果如图 6-88 所示。

9）调用"MIRROR/MI"命令，对办公椅进行镜像，完成会议桌的绘制。

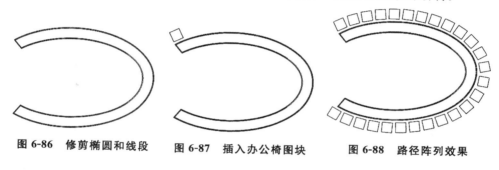

图 6-86 修剪椭圆和线段　　　图 6-87 插入办公椅图块　　　图 6-88 路径阵列效果

6.2　家具立面图绘制

本节通过介绍各种家具和电器立面图例的绘制方法，使读者可以熟练了解这些家具的立面结构，并掌握其绘制方法。

6.2.1　绘制冰箱

冰箱是家居常备电器，一般摆放在厨房或餐厅墙角位置。本例介绍如图 6-89 所示双开门冰箱的绘制方法。

1）调用"RECTANG/REC"命令，绘制一个尺寸为 1 000 mm×1 650 mm 的矩形，如图 6-90 所示。

2）调用"EXPLODE/X"命令，分解矩形。

3）调用"OFFSET/O"命令，向内偏移分解后的矩形线段，然后对线段进行调整，如图 6-91 所示。

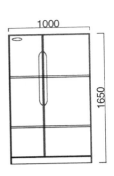

图 6-89　冰箱（mm）

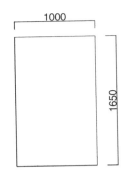

图 6-90　绘制矩形（mm）

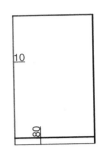

图 6-91　分解矩形和偏移线段（mm）

4）调用"LINE/L"命令和"OFFSET/O"命令，绘制线段，如图 6-92 所示。

5）继续调用"LINE/L"命令和"OFFSET/O"命令，绘制线段，如图 6-93 所示。

6）绘制拉手，调用"RECTANG/REC"命令，绘制尺寸为 95 mm×550 mm 的矩形，如图6-94所示。

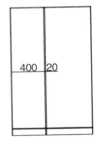

图 6-92　绘制线段（mm）

图 6-93　绘制线段（mm）

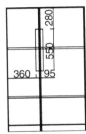

图 6-94　绘制矩形（mm）

7）调用"ARC/A"命令，绘制圆弧，如图 6-95 所示。

8）调用"MIRROR/MI"命令，对圆弧进行镜像，如图 6-96 所示。

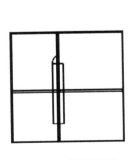

图 6-95　绘制圆弧

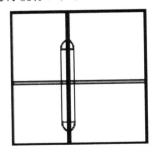

图 6-96　镜像圆弧

9）调用"TRIM/TR"命令，修剪多余的线段，如图 6-97 所示。

10）调用"ELLIPSE/EL"命令，绘制椭圆表示商标，如图 6-98 所示，完成冰箱的绘制。

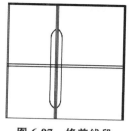

图 6-97　修剪线段

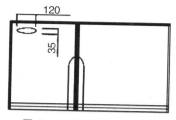

图 6-98　绘制椭圆（mm）

6.2.2　绘制中式木格窗

中式木格窗以木质为主，讲究雕刻彩绘，造型典雅，多采用酸枝木或大叶檀等高档硬木。

本例介绍如图 6-99 所示中式木格窗的绘制方法。

1）调用"RECTANG/REC"命令，绘制一个尺寸为 2 000 mm×1 400 mm 的矩形，如图6-100所示。

2）调用"CHAMFER/CHA"命令，对矩形进行倒角，倒角距离全部设置为350 mm，效果如图 6-101 所示。

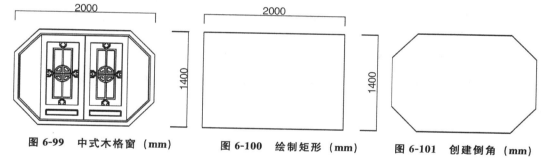

图 6-99　中式木格窗（mm）　　　图 6-100　绘制矩形（mm）　　　图 6-101　创建倒角（mm）

3）调用"OFFSET/O"命令，将图形向内偏移 60 mm 和 20 mm，如图 6-102 所示。

4）调用"RECTANG/REC"命令，绘制尺寸为 615 mm×1 240 mm 的矩形，如图6-103所示。

5）调用"RECTANG/REC"命令，绘制尺寸为 455 mm×920 mm 的矩形，并移动到相应的位置，如图 6-104 所示。

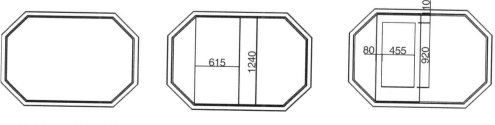

图 6-102　偏移线段　　　图 6-103　绘制矩形（mm）　　　图 6-104　绘制矩形（mm）

6）调用"OFFSET/O"命令，将矩形向内偏移 90 mm 和 20 mm，如图 6-105 所示。

7）调用"LINE/L"命令和"OFFSET/O"命令，绘制线段，如图 6-106 所示。

8）调用"TRIM/TR"命令，对线段进行修剪，如图 6-107 所示。

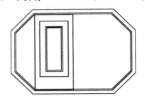 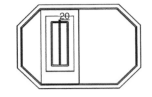 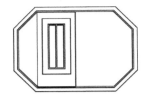

图 6-105　偏移矩形　　　　图 6-106　绘制线段（mm）　　　图 6-107　修剪线段

9）调用"LINE/L"命令，捕捉中点绘制线段，如图 6-108 所示。

10）调用"CIRCLE/C"命令，以线段的交点为圆心绘制半径为 118 mm 的圆，如图 6-109所示。

11）调用"LINE/L"命令，捕捉圆象限点绘制线段，然后修剪多余的线段，如图 6-110所示。

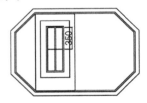 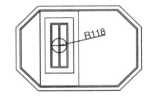 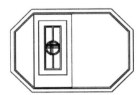

图 6-108　绘制线段　　　　图 6-109　绘制圆（mm）　　　图 6-110　修剪线段

12）调用"OFFSET/O"命令，对线段和圆进行偏移，偏移距离为 20 mm，如图 6-111所示。

13）调用"TRIM/TR"命令，对线段和圆进行修剪，如图 6-112 所示。

14）调用"MIRROR/MI"命令，镜像复制图形，然后对多余的线段进行修剪，效果如图 6-113 所示。

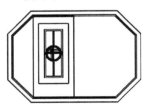 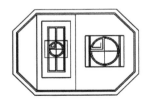 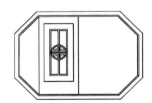

图 6-111　偏移圆和线段　　　图 6-112　修剪线段和圆　　　图 6-113　镜像图形

15）调用"RECTANG/REC"命令和"OFFSET/O"命令，绘制图形，如图 6-114所示。

16）调用"COPY/CO"命令，将图形复制到右侧，如图 6-115 所示。

17）从图库中插入雕花图块到木格窗内，效果如图 6-116 所示，完成中式木格窗的绘制。

图 6-114　绘制图形（mm）　　　图 6-115　复制图形　　　图 6-116　插入雕花图块

6.2.3　绘制饮水机

饮水机通常摆放在客厅或餐厅区域，下面讲解如图 6-117 所示饮水机的绘制方法。

1）调用"RECTANG/REC"命令，绘制一个尺寸为 325 mm×40 mm 的矩形，如图 6-118 所示。

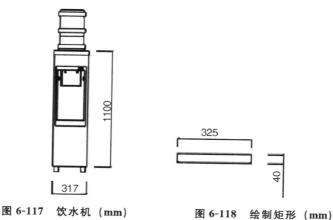

图 6-117　饮水机（mm）　　　图 6-118　绘制矩形（mm）

2）调用"PLINE/PL"命令，绘制多段线，如图 6-119 所示。

3）调用"PLINE/PL"命令和"COPY/CO"命令，绘制多段线，如图 6-120 所示。

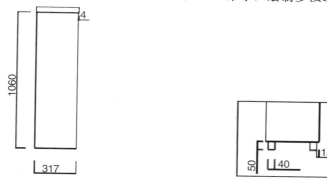

图 6-119　绘制多段线（mm）　　　图 6-120　绘制多段线（mm）

4）调用"RECTANG/REC"命令，绘制尺寸为 280 mm×572 mm 矩形，并移动到相应的位置，如图 6-121 所示。

5）调用"RECTANG/REC"命令，绘制尺寸为 245 mm×485 mm 的矩形，如图 6-122所示。

6）调用"PLINE/PL"命令，绘制多段线，如图 6-123 所示。

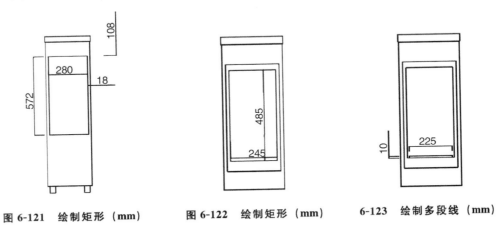

图 6-121 绘制矩形（mm）   图 6-122 绘制矩形（mm）   6-123 绘制多段线（mm）

7）调用"PLINE/PL"命令，绘制多段线，如图 6-124 所示。

8）调用"OFFSET/O"命令，将多段线向内偏移 10 mm，如图 6-125 所示。

9）调用"RECTANG/REC"命令、"PLINE/PL"命令和"COPY/CO"命令，绘制其他组件，如图 6-126 所示。

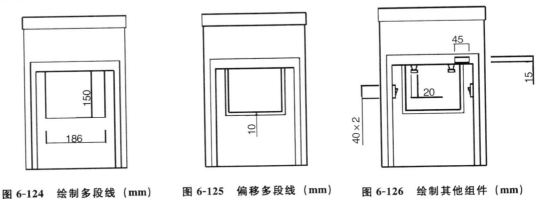

图 6-124 绘制多段线（mm）   图 6-125 偏移多段线（mm）   图 6-126 绘制其他组件（mm）

10）调用"PLINE/ PL/F"命令，绘制多段线，如图 6-127 所示。

11）调用"RECTANG/REC"命令，制尺寸为 250 mm×40 mm 的矩形，如图6-128所示。

12）调用"FILLET"命令，对矩形进行圆角，圆角半径为 10 mm，如图 6-129 所示。

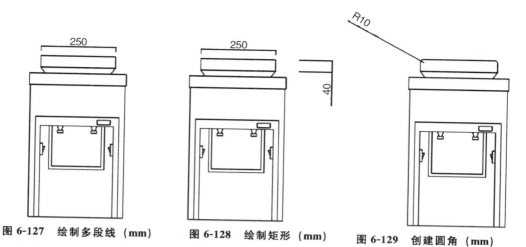

图 6-127 绘制多段线 （mm）　　　图 6-128 绘制矩形 （mm）　　　图 6-129 创建圆角 （mm）

13）调用"COPY/CO"命令，将矩形向上复制，如图 6-130 所示。

14）调用"FILLET"命令，对矩形进行圆角，圆角半径为 10 mm，如图 6-131 所示。

15）调用"PLINE/PL"命令，绘制多段线，如图 6-132 所示。

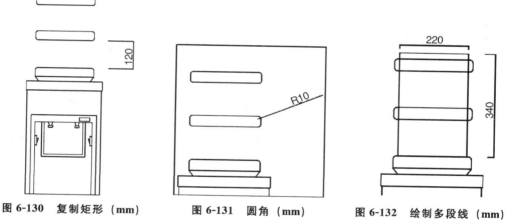

图 6-130 复制矩形 （mm）　　　图 6-131 圆角 （mm）　　　图 6-132 绘制多段线 （mm）

16）调用"LINE/L"命令，绘制线段，如图 6-133 所示。

17）调用"TRIM/TR"命令，对线段相交的位置进行修剪，如图 6-134 所示。

18）调用"FILLET/F"命令，对多段线进行圆角，如图 6-135 所示，完成饮水机的绘制。

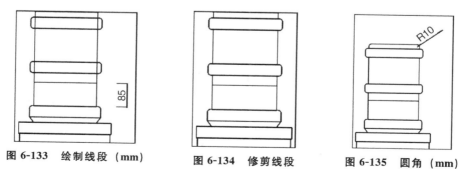

图 6-133 绘制线段 （mm）　　　图 6-134 修剪线段　　　图 6-135 圆角 （mm）

6.2.4 绘制座便器

座便器一般用于主卫生间，其下水口与座便器的距离为 0.5 cm 以内。本例讲解如图 6-136 所示座便器的绘制方法。

1) 调用 "RECTANG/REC" 命令，绘制一个尺寸为 525 mm×50 mm 的矩形，如图 6-137 所示。

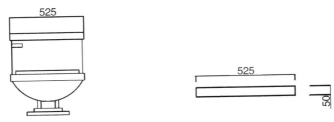

图 6-136 座便器（mm）   图 6-137 绘制矩形（mm）

2) 调用 "COPY/CO" 命令，将矩形向下复制，如图 6-138 所示。

3) 调用 "LINE/L" 命令，绘制线段，如图 6-139 所示。

4) 调用 "PLINE/PL" 命令，绘制多段线，如图 6-140 所示。

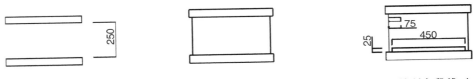

图 6-138 复制矩形（mm）   图 6-139 绘制线段   图 6-140 绘制多段线（mm）

5) 调用 "LINE/L" 命令，绘制辅助线，如图 6-141 所示。

6) 调用 "CIRCLE/C" 命令，以辅助线的交点为圆心绘制半径为 280 的圆，然后删除辅助线，如图 6-142 所示。

7) 调用 "TRIM/TR" 命令，对圆进行修剪，如图 6-143 所示。

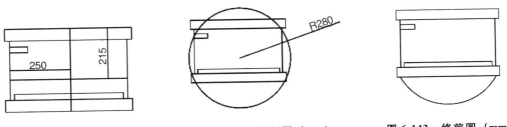

图 6-141 绘制辅助线（mm）   图 6-142 绘制圆（mm）   图 6-143 修剪圆（mm）

8) 调用 "RECTANG/REC" 命令，绘制尺寸为 300 mm×25 mm 的矩形，如图6-144 所示。

9) 调用 "RECTANG/REC" 命令，绘制尺寸为 200 mm×25 mm 的矩形，如图6-145 所示。

10）调用"LINE/L"命令、"OFFSET/O"命令和"MIRROR/MI"命令，绘制线段，如图6-146所示，完成座便器的绘制。

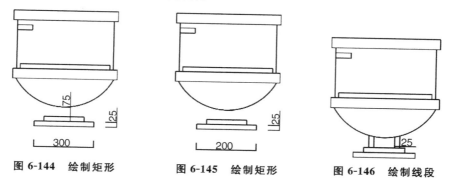

图6-144 绘制矩形　　　　图6-145 绘制矩形　　　　图6-146 绘制线段

6.2.5 绘制台灯

台灯通常放置在卧室的床头柜上，或是书房中，用来辅助照明或装饰空间，以烘托室内气氛。

本例介绍如图6-147所示台灯的绘制方法。

1）绘制灯罩，调用"CIRCLE/C"命令，绘制半径为200 mm的圆，如图6-148所示。

2）调用"LINE/L"命令，捕捉图像限点绘制圆心线段，如图6-149所示。

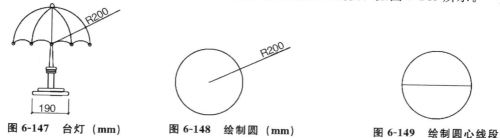

图6-147 台灯（mm）　　　　图6-148 绘制圆（mm）　　　　图6-149 绘制圆心线段

3）调用"TRIM/TR"命令，修剪得到半圆，如图6-150所示。

4）调用"CIRCLE/C"命令以线段的端点为圆心绘制半径为7 mm的圆，如图6-151所示。

5）调用"COPY/CO"命令，对圆进行复制，如图6-152所示。

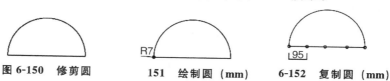

图6-150 修剪圆　　　　151 绘制圆（mm）　　　　6-152 复制圆（mm）

6）删除半圆下的水平线段，如图6-153所示。

7）调用"LINE/L"命令和"OFFSET/O"命令，绘制辅助线，如图6-154所示。

8）调用"CIRCLE/C"命令，以辅助线的交点为圆心，绘制半径为65 mm的圆，然后删除线，如图6-155所示。

9）调用"TRIM/TR"命令，对圆进行修剪，如图 6-156 所示。

图 6-153　删除线段　　　　　　　　　　图 6-154　绘制辅助线（mm）

图 6-155　绘制圆（mm）　　　　　　　　图 6-156　修剪圆

10）调用"LINE/L"命令，绘制线段，如图 6-157 所示。

11）调用"COPY/CO"命令，复制图弧，如图 6-158 所示。

12）调用"ARC/A"命令和"MIRROR/MI"命令，绘制圆弧，如图 6-159 所示。

图 6-157　绘制线段　　　　　图 6-158　复制圆弧　　　　　图 6-159　绘制圆弧

（13）调用"ELLIPSE/EL"命令，绘制椭圆，如图 6-160 所示。

（14）调用"TRIM/TR"命令，对椭圆进行修剪，如图 6-161 所示。

（15）绘制灯柱，调用"RECTANG/REC"命令，绘制一个尺寸为 190 mm×20 mm、圆角半径为 10 mm 的圆角矩形，如图 6-162 所示。

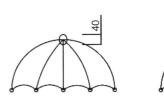

图 6-160　绘制椭圆（mm）　　　图 6-161　修剪椭圆　　　　图 6-162　绘制圆角矩形（mm）

16）调用"RECTANG/REC"命令，绘制尺寸为 135 mm×17 mm、圆角半径为 8 mm 的圆角矩形，如图 6-163 所示。

17）使用同样的方法绘制圆角矩形，如图 6-164 所示。

18）调用"LINE/L"命令，绘制线段，如图 6-165 所示，完成台灯的绘制。

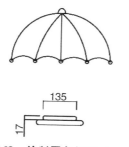

图 6-163 绘制圆角矩形（mm）

图 6-164 绘制圆角矩形

图 6-165 绘制线段（mm）

6.2.6 绘制铁艺栏杆

栏杆主要起保护作用。铁艺栏杆在艺术造型上、图案纹理上，都带有西方造型的烙印。本节讲解如图 6-166 所示铁艺栏杆的绘制方法。

1) 调用 "RECTANG/REC" 命令，绘制一个尺寸为 11 mm×350 mm 的矩形，如图 6-167 所示。

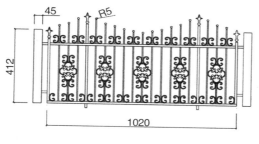

图 6-166 铁艺栏杆（mm）

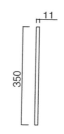

图 6-167 绘制矩形（mm）

2) 调用 "PLINE/PL" 命令，绘制多段线，如图 6-168 所示。

3) 调用 "RECTANG/REC" 命令，绘制尺寸为 15 mm×10 mm、圆角半径为 6 mm 的圆角矩形如图 6-169 所示。

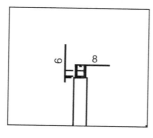

图 6-168 绘制多段线（mm）

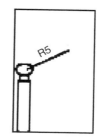

图 6-169 绘制圆角矩形（mm）

4) 调用 "COPY/CO" 命令，将图形复制到右侧，如图 6-170 所示。

5) 调用 "RECTANG/REC" 命令，在图形的下方绘制尺寸为 1 022 mm×11 mm 的矩形如图 6-171 所示。

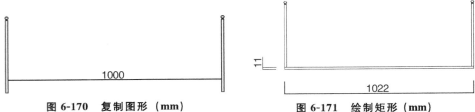

图 6-170　复制图形（mm）　　　　图 6-171　绘制矩形（mm）

6）调用"COPY/CO"命令和"STRETCH/S"命令，绘制其他两根栏杆，如图6-172所示。

7）调用"PLINE/PL"命令，绘制多段线，如图 6-173 所示。

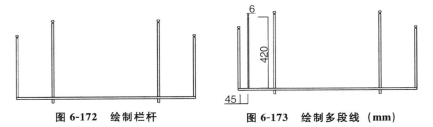

图 6-172　绘制栏杆　　　　　图 6-173　绘制多段线（mm）

8）调用"PLINE/PL"命令，绘制多段线，如图 6-174 所示。

9）调用"RECTANG/REC"命令，绘制尺寸为 6 mm×1.5 mm 的矩形，如图 6-175 所示。

10）调用"LINE/L"命令，绘制起辅助作用的垂直线段，如图 6-176 所示。

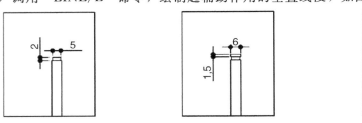

图 6-174　绘制多段线（mm）　　图 6-175　绘制矩形（mm）　　图 6-176　绘制辅助线（mm）

11）调用"CIRCLE/C"命令捕捉辅助线上的端点作为圆心，绘制半径为 5 mm 的圆，如图 6-177 所示。

12）调用"TRIM/TR"和"ERASE/E"命令，修剪和删除掉多余的线段，如图 6-178所示。

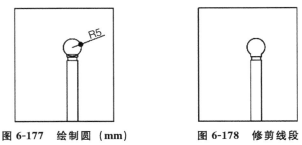

图 6-177　绘制圆（mm）　　　　图 6-178　修剪线段

13）调用"COPY/CO"命令，将图形向右复制，如图 6-179 所示。

14）调用"MOVE/M"命令，对图形进行上下移动，并使用夹点功能调整线段，使其效果如图 6-180 所示。

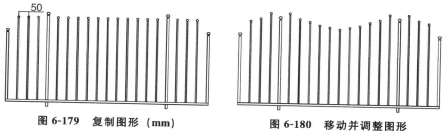

图 6-179　复制图形（mm）　　　　　图 6-180　移动并调整图形

15）调用"LINE/L"命令和"OFFSET/O"命令，绘制线段，如图 6-181 所示。

16）调用"TRIM/TR"命令，对线段相交的位置进行修剪，如图 6-182 所示。

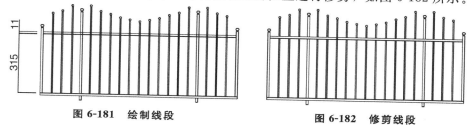

图 6-181　绘制线段　　　　　　　　图 6-182　修剪线段

17）调用"LINE/L"命令和"OFFSET/O"命令，绘制线段，如图 6-183 所示。

18）调用"RECTANG/REC"命令，绘制尺寸为 45 mm×412 mm 的矩形，如图 6-184所示。

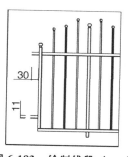

图 6-183　绘制线段（mm）

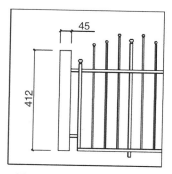

图 6-184　绘制矩形（mm）

19）调用"MIRROR/MI"命令，将矩形和线段镜像到右侧，如图 6-185 所示。

20）从图库中插入雕花图案，然后对线段与图案相交的位置进行修剪，效果如图 6-186所示，完成铁艺栏杆的绘制。

图 6-185　镜像矩形和线条

图 6-186　插入雕花图案

第7章
家装实例训练（两居室）

内容简介：

　　本章主要进行家装实例训练。居住空间是根据相互间的功能关系组合而成的，而且功能空间相互渗透，空间的利用率更高，本章以一个现代两居室为例，进行讲解。

内容要点：

　　现代两居室设计概述

　　绘制两居室原始户型图

现代设计，追求的是空间的实用性和灵活性。居住空间是根据相互间的功能关系组合而成的，而且功能空间相互渗透，空间的利用率更高。两房两厅的格局是目前最常见的，也是比较实惠的一种房型，非常适合三口之家居住，虽然两房两厅比较常见，但要想装修出满意的效果，需要在设计上多斟酌推敲。本章以一个现代两居室为例，进行讲解。

7.1　现代两居室设计概述

两房两厅的居室面积通常在 90 m² 以下，空间相对较小，设计原则主要以使用功能为主，因此重视功能和空间组织，注意发挥结构的形式美，造型简洁，令小空间发挥出大作用。因此，现代风格最为适合。

7.1.1　现代风格及设计特点

现代风格是一种简洁、质朴、抽象而明快的艺术风格形式，是当前室内设计市场中比较常见的一种设计风格。现代风格起源于 1919 年，包豪斯学派的领路人格罗皮乌斯、密斯、柯布西耶、赖特等现代主义先驱，开创新艺术运动，主张利用新材料、新工艺创造崭新的室内风格。其反对传统装饰形式，寻求具有"功能主义"的"纯净形式"，即反映时代新风貌。其指导思想："设计的目的不是产品，而是人。"现代风格直接以材料自身的表现力，通过简洁造型的有机组合，形成生动而富于韵律变化的"乐章"。现代风格以特有质地、洗练造型、简洁图案等特点，提升室内空间的现代品味，运用率直的流动线、直线及几何纹样形式，表现精细技艺、纯朴质地、明快色彩及简明造型，展示了艺术与生活、科学与技术完美统一的现代精神。如图 7-1 所示为典型的现代风格装饰效果。

图 7-1　现代装饰风格效果

1. 现代风格装饰手法

从装饰手法来看，现代风格的装修更注重装修材料的对比效果，通过石材、玻璃、木材等材质反差较大的材料，或者是黄、蓝等对比色，以及刚柔并济的选材搭配来制造房间装修装饰的风格冲突，而在装修的造型上追求简单而不烦琐的效果。

2. 现代风格色彩

现代风格的装修以对比色和比较简单的色彩组合为特色，还可根据需要调换两种对比色，这样可以改变房间的色彩风格。

3. 现代风格家具和装饰

现代风格家具除了大量采用金属、玻璃等现代材料外，款式还比较新颖、简约，更适合现代人的口味，特别是年轻人。而且现代家具变化的速度很快，主要体现在颜色和款式上，如图 7-2 所示现代装饰风格家具。

图 7-2　现代装饰风格家具

7.1.2　两居室户型设计原则

在满足生活需要的基础上合理划分区域，尽量在有限的空间里安排出更多的使用空间。家具应注重功能性，以实用、多功能为主，以家具收纳为辅，尽量减少不必要的物品，就不需要太多储物柜，让窗户尽可能与外窗齐平，向外扩散的窗户在视觉上有放大室内空间的效果。尽量不采用吊顶，使用吊顶，一方面灯光效果不好，另一方面占用空间。

对于原始结构轻体墙，可拆除以玻璃代替或凿洞借光，既节省了占地面积，降低压迫感，增加通透性，又增加了层次。

阳台增加功能，既可以锻炼身体、休息、喝茶，又可以放置折叠书桌充当绿色自然的书房。

地台具有很强的实用性，它经常被应用在阳台、客厅一角，甚至在卧室大面积使用，特别是狭小的卧室，利用地台做床，浪漫而又温馨，既降低了高度、增加了视野宽度，又利用隐藏的低柜增加了收纳空间。

空白墙壁上加些隔板放置生活必需品，既点缀了墙壁，活泼而俏皮，又具有通透性，而且拆装随意灵动。如果到处都是柜子收纳，不仅死板，还相对减少了活动的空间。

玻璃、竹帘、窗纱、植物等可移动物品也应用较广，常被拿来充当屏风起隔断的作用。

7.2　调用样板新建文件

调用样板新建文件步骤如下：

1）启动 AutoCAD 软件，单击"新建"按钮，打开"选择样板"对话框，如图 7-3 所示。

2）选择"室内装潢施工图模板"，单击"打开"按钮，以样板创建图形，新图形中包含了样板中创建的图层、样式和图块等内容。

3）单击"保存"按钮，打开"图形另存为"对话框，在"文件名"框中输入文件名，单击"保存"按钮保存图形。

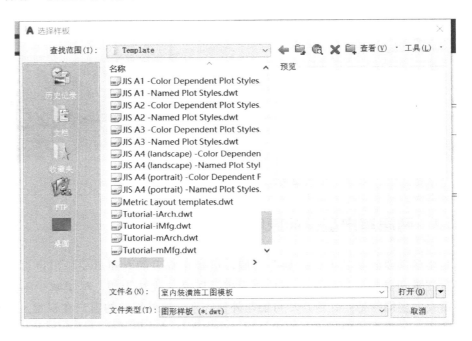

图 7-3　"选择样板"对话框

7.3　绘制两居室原始户型图

两居室的原始户型图需要绘制的内容有房屋平面的形状、大小，墙、柱子的位置和尺寸，门窗的类型和位置等。如图 7-4 所示为两居室原始户型图，下面讲解绘制方法。

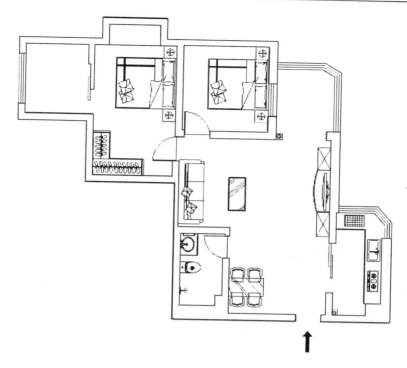

图 7-4 两居室原始户型图

7.3.1 绘制轴线

如图 7-5 所示为绘制完整的轴网，下面讲解使用"PLINE/PL"命令绘制轴线的方法。

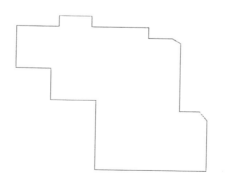

图 7-5 完整的轴网

1）设置"ZX_轴线"图层为当前图层。

2）调用"PLINE/PL"命令，绘制轴线的外轮廓，如图 7-6 所示。

3）继续调用"PLINE/PL"命令，绘制轴线的内部，如图 7-7 所示。

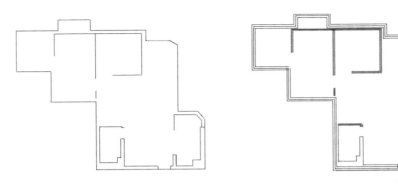

图 7-6　绘制轴线的外轮廓图　　　　　　图 7-7　绘制轴线的内部

7.3.2　多线绘制墙体

两居室有区分明确的客厅、卧室、厨房、卫生间等功能空间，墙线较为复杂，这里使用"多线"命令进行绘制。

1）设置"QT＿墙体"图层为当前图层。

2）调用"MLINE/ML"命令，设置多线比例为1∶240，选择"对正（J）"选项和"无（Z）"选项，然后捕捉端点绘制墙体，效果如图7-8所示。

3）指定多线端点，绘制外墙线，如图7-9所示。

4）调用"MLINE/ML"命令，绘制其他墙线，效果如图7-10所示。内墙线的宽度为120，在绘制时需要设置多线比例为1∶120。

图 7-8　捕捉端点　　　　图 7-9　绘制外墙线　　　　图 7-10　绘制其他墙线

7.3.3　修剪墙体

1）隐藏"ZX＿轴线"图层。

2）调用"EXPLODE/X"命令，分解多线。

3）多线分解之后，即可调用"TRIM/TR"命令和"CHAMFER/CHA"命令进行修剪，效果如图7-11所示。

4）调用"LINE/L"命令，绘制线段封闭墙体，如图7-12所示。

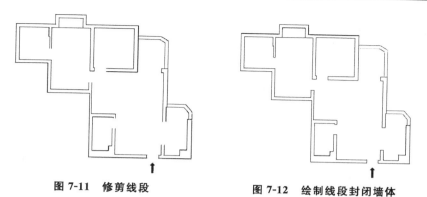

图 7-11　修剪线段　　　　　　图 7-12　绘制线段封闭墙体

7.3.4　尺寸标注

尺寸标注的操作步骤如下：

1）设置"BZ_标注"图层为当前图层。

2）调用"RECTANG/REC"命令，绘制一个比图形稍大的矩形，如图 7-13 所示。

3）调用"DIMLINEAR/DLI"命令标注尺寸，标注尺寸后删除矩形，结果如图 7-14 所示。

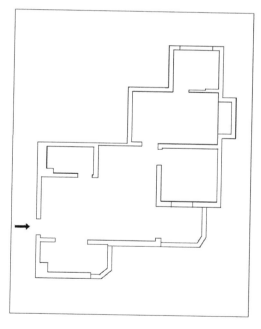

图 7-13　绘制矩形

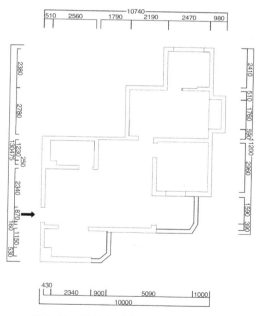

图 7-14　标注尺寸并删除矩形（mm）

7.3.5　绘制柱子

绘制柱子的操作步骤如下：

1）隐藏"ZX _ 轴线"图层。

2）设置"ZZ _ 柱子"图层为当前图层。

3）调用"RECTANG/REC"命令，绘制 370 mm×545 mm 的矩形，如 7-15 所示。

4）调用"TRIM/TR"命令，修剪矩形内的线段，如图 7-16 所示。

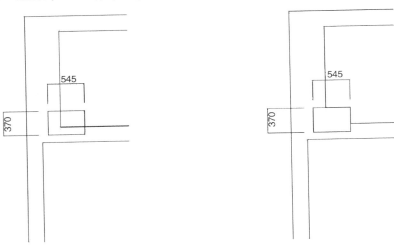

图 7-15　绘制矩形（mm）　　　　　图 7-16　修剪线段（mm）

（5）调用"HATCH/H"命令，对柱子内填充"SOLID"图案，填充效果如图 7-17 所示。

（6）调用"RECTANG/REC"命令、"HATCH/H"命令和"COPY/CO"命令，绘制其他柱子，效果如图 7-18 所示。

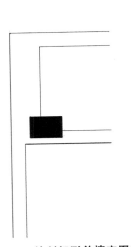

图 7-17　绘制矩形并填充图案

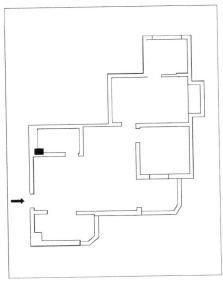

图 7-18　绘制其他柱子

7.3.6　绘制门窗

绘制门窗的操作步骤如下：

1）开门洞，设置"QT_墙体"图层为当前图层。

2）调用"LINE/L"命令绘制直线，如图 7-19 所示。

3）调用"RECTANG/REC"命令绘制 20 mm×800 mm 的矩形，移动相应位置，如图 7-20 所示。

4）调用"ARC/C"绘制圆弧的命令，绘制门，如图 7-21 所示。

5）使用同样方法绘制其他门，如图 7-22 所示。

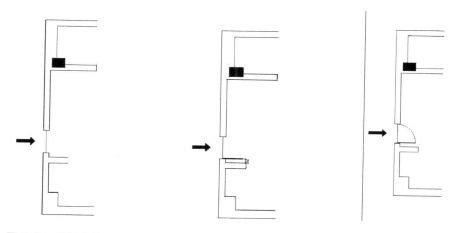

图 7-19　绘制直线　　　　图 7-20　绘制矩形　　　　图 7-21　绘制圆弧

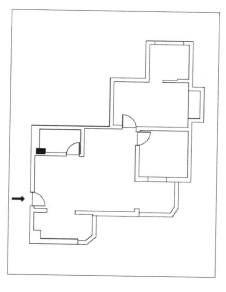

图 7-22　绘制其他门

6）绘制窗，调用"OFFSET/O"命令，向里偏移80 mm，偏移两次，如图7-23所示。

7）调用"LINE/L"命令，封闭窗，如图7-24所示。

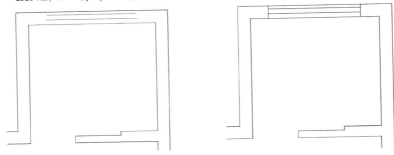

图 7-23　偏移窗线　　　　　　　　　　图 7-24　封闭窗

8）使用同样方法绘制其他窗，如图7-25所示。

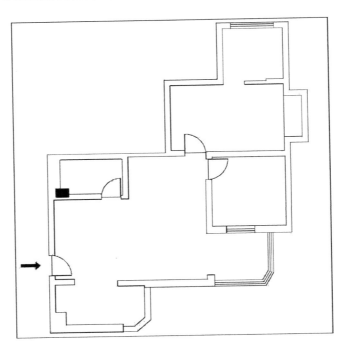

图 7-25　绘制其他窗

7.3.7　文字标注

文字标注的操作步骤如下：

1）调用"MTEXT/MT"命令，设置某一房间空间类型。

2）调用"COPY/CO"命令，将文字复制到其他功能空间，并修改文字内容，最终效果如图7-26所示。

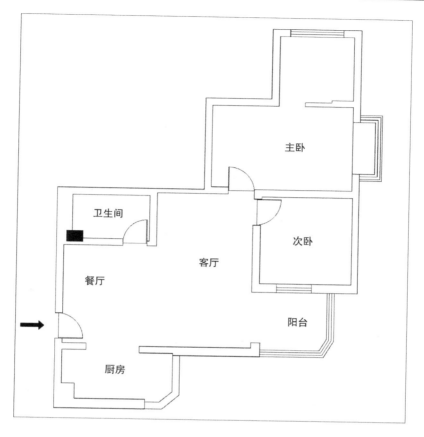

图 7-26 文字标注

7.3.8 绘制图名和管道

绘制图名和管道的具体操作步骤如下：

1）调用"INSERT/I"命令，插入"图名"图块。需要注意的是，应将当前的注释比例设置为 1∶100，使之与整个注释比例相符。

2）绘制厨房的管道图形，完成两居室原始户型图的绘制。

7.4 绘制两居室平面布置图

本节将采用各种方法，逐步完成本章两居室平面布置图的绘制，绘制完成的平面布置图如图 7-27 所示。

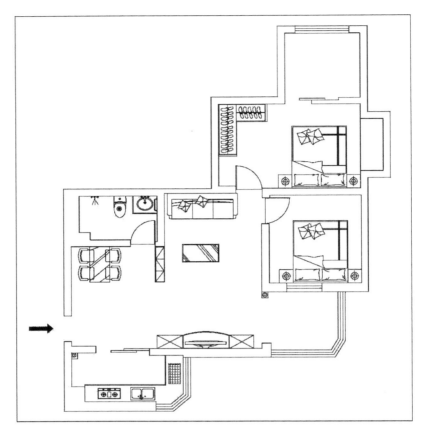

图 7-27   平面布置图

7.4.1   绘制客厅和餐厅平面布置图

本例将客厅和餐厅布置在同一空间，采用酒柜作为分隔，这样布置的优点是缩短就座进餐的交通路线，如图 7-28 所示。

如图 7-29 所示为客厅和餐厅平面布置图，下面讲解绘制方法。

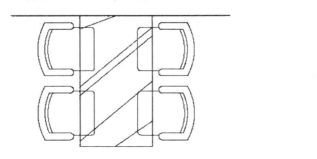

图 7-28   餐厅

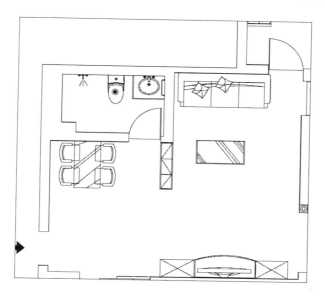

图 7-29　客厅和餐厅平面布置图

1）绘制酒柜，调用"RECTANG/REC"命令，绘制矩形为酒柜轮廓，如图 7-30 所示。

2）调用"OFFSET/O"命令，将轮廓向内偏移 20 mm，如图 7-31 所示。

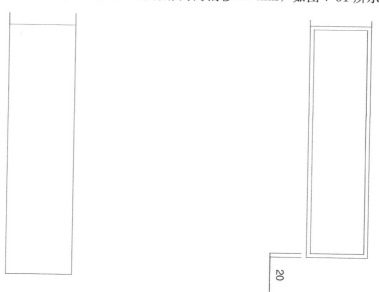

20

图 7-30　绘制矩形　　　　　　**图 7-31　偏移矩形（mm)**

3）调用"EXPLODE/X"命令，分解矩形。

4）调用"DIVIDE/DIV"命令，将分解后的线段进行 3 等分，如图 7-32 所示。

5）调用"LINE/L"命令，绘制线段，然后删除等分点，如图 7-33 所示。

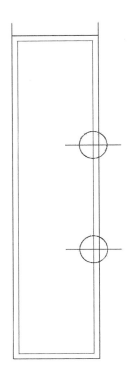

图 7-32　定数等分

图 7-33　绘制线段

6）调用"LINE/L"命令，在矩形内绘制对角线，如图 7-34 所示。

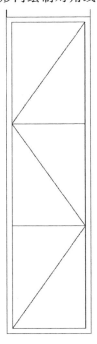

图 7-34　绘制对角线

7）绘制电视柜，调用"RECTANG/REC"命令绘制 805 mm×453 mm 矩形，如图 7-35 所示。

8）调用"RECTANG/REC"命令绘制 1 530 mm×453 mm 矩形，如图 7-36 所示。

9）调用"EXPLODE/X"命令，分解矩形。

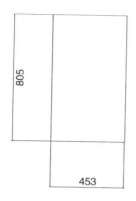

图 7-35　绘制矩形（mm）

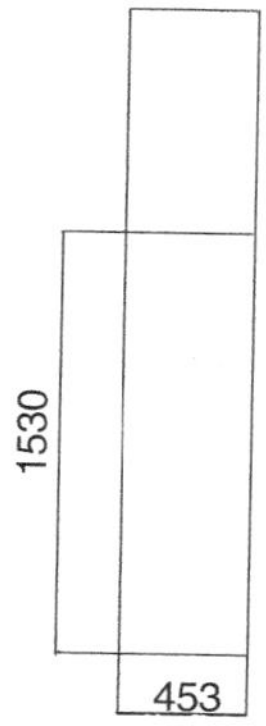

图 7-36　绘制矩形（mm）

10）调用"OFFSET/O"命令偏移矩形，如图 7-37 所示。

11）删除线段，如图 7-38 所示。

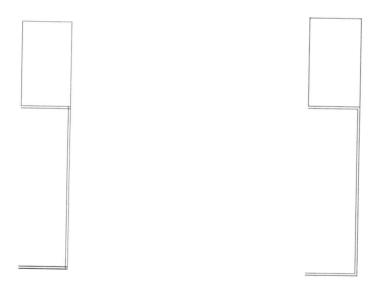

图 7-37　偏移矩形

图 7-38　删除线段

12）调用"LINE/L"命令，在矩形中点绘制线段，如图 7-39 所示。

13）调用"ARC/C"命令绘制圆弧，如图 7-40 所示。

14）调用"MIRROR/MI"命令，镜像矩形，如图 7-41 所示。

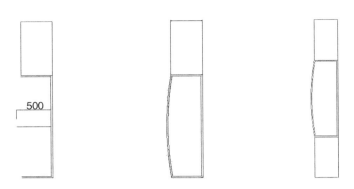

图 7-39　绘制线段（mm）　　　图 7-40　绘制圆弧　　　图 7-41　镜像矩形

15）插入图块，按"Ctrl＋O"键，打开图例 dwg 文件，选择其中的沙发组、电视机、餐桌椅等图块，将其复制至客厅和餐厅区城，效果如图 7-42 所示，客厅和餐厅平面布置图绘制完成。

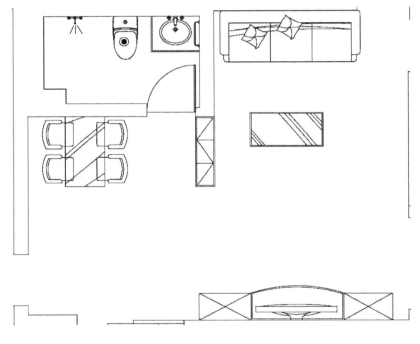

图 7-42　绘制完成

7.4.2　绘制厨房平面图

绘制厨房平面图的操作步骤如下：

1）绘制推拉门，调用"LINE/L"命令和"OFFSET/O"命令，绘制门槛线，如图 7-43 所示。

2）调用"RECTANG/REC"命令，绘制尺寸为 60 mm×840 mm 的矩形，如图 7-44 所示。

3）调用"COPY/CO"命令，对矩形进行复制，如图 7-45 所示。

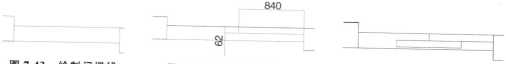

图 7-43　绘制门槛线　　　　图 7-44　绘制矩形（mm）　　　　图 7-45　复制矩形

4）绘制橱柜。调用"PLINE/PL"命令，绘制多段线，如图 7-46 所示。

5）调用"FILLET/F"命令，进行圆角，圆角半径为 330 mm，如图 7-47 所示。

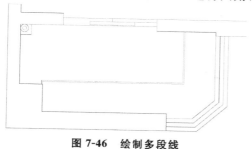

图 7-46　绘制多段线　　　　　　　　　　图 7-47　圆角结果

7.5　绘制两居室地材图

绘制两居室地材图的具体操作步骤如下：

1）复制图形，地材图可以在平面布置图的基础上进行绘制，调用"COPY/CO"命令，将平面布置图复制一份。

2）整理图中与地材图无关的图形，结果如图 7-48 所示。

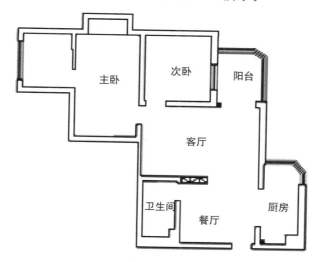

图 7-48　整理图形

3）绘制门槛线，设置"DM＿地面"图层为当前图层。

4）调用"LINE/L"命令和"OFFSET/O"命令，在门洞处绘制门槛线，如图7-49所示。

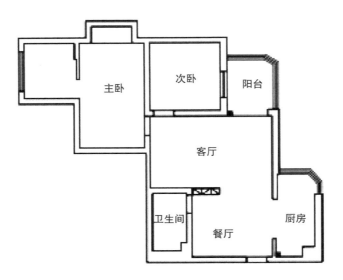

图 7-49　绘制门槛

5）绘制地面材质图例，为了使填充的图案与文字不会重叠交叉，调用"RECTANG/REC"命令，绘制矩形框住文字，如图 7-50 所示。

图 7-50　绘制矩形

6）调用"HATCH/H"命令，再在命令行中输入"T"命令，弹出"图案填充和渐变色"对话框，在对话框中设置参数，在客厅、餐厅、厨房和玄关区域填充"用户定义"图案，表示文化砖，填充参数和效果如图 7-51 所示。

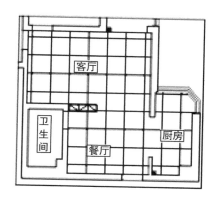

图 7-51 文化砖填充参数和效果

7）调用"HATCH/H"命令，再在命令行中输入"T"命令，弹出"图案填充和渐变色"对话框，在对话框中设置参数，在主卧、次卧填充"DOLMIT"图案，表示实木地板，填充参数和效果如图 7-52 所示。

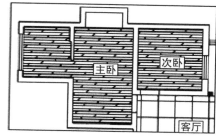

图 7-52 实木地板充参数和效果

8）为卫生间填充图案"ANGLE"，表示防滑砖，填充参数和效果如图 7-53 所示。

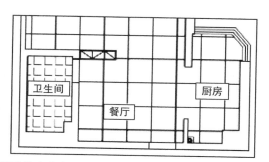

图 7-53 防滑砖填充参数和效果

9）为阳台填充"AR-BBSTD"图案，表示仿古砖，填充参数和效果如图7-54所示。

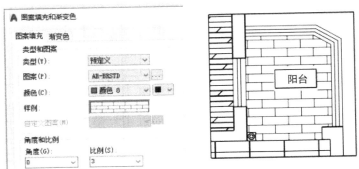

图7-54　仿古砖填充参数和效果

10）在飘窗窗台位置填充"AR-CONC"图案，表示大理石，填充参数和效果如图7-55所示。

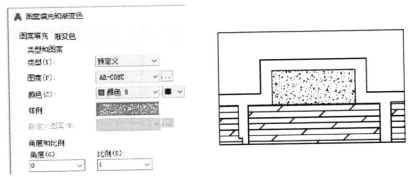

图7-55　大理石填充参数和效果

11）填充完成后，删除前面绘制的框住文字的矩形，如图7-56所示。

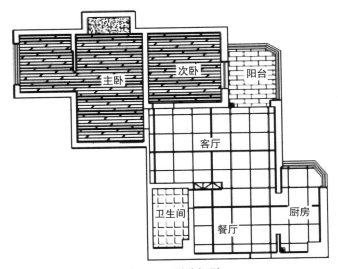

图7-56　删除矩形

12）材料说明，调用"MLEADER/MLD"命令，以此对地面材质进行文字标注，效果如图7-57所示，两居室地材图绘制完成。

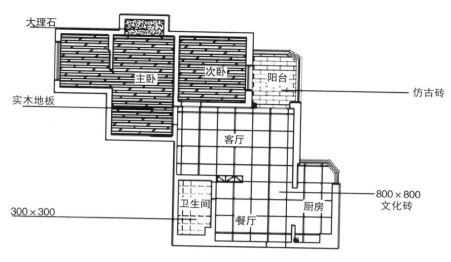

图 7-57　材料说明（mm）

7.6　绘制两居室顶棚图

7.6.1　绘制客厅和餐厅顶棚图

绘制客厅和餐厅顶棚图的操作步骤如下：

1）复制图形。顶棚图可在平面布置图的基础上绘制，复制两居室平面布置图，删除无关的图形，并在门洞处绘制墙体线，如图 7-58 所示。

2）绘制顶棚造型。设置"DD＿顶棚"图层为当前图层。

3）调用"LINE/L"命令，绘制线段，如图 7-59 所示。

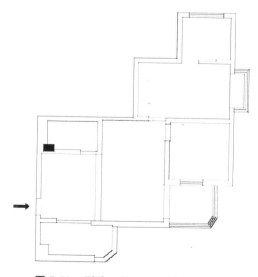

图 7-58　删除无关图形并绘制墙体线

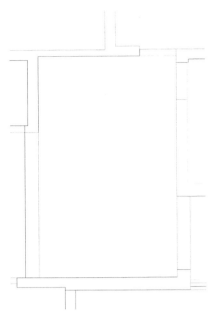

图 7-59　绘制线段

4）调用"OFFSET/O"命令将线段向内偏移 80 mm，并设置为虚线，表示灯带，如图 7-60 所示。

5）调用"RECTANG/REC"命令，绘制尺寸为 4 600 mm，如图 7-61 所示。

6）调用"OFFSET/O"命令，将矩形分别向内偏移 300 mm 和 80 mm，并将偏移 80 mm后的线段设置为虚线，表示灯带，如图 7-62 所示。

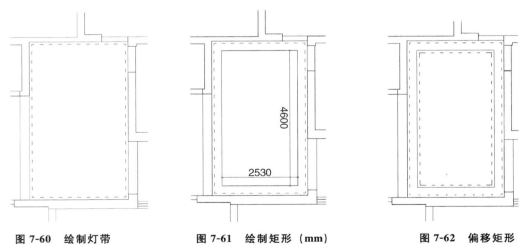

图 7-60　绘制灯带　　　　　图 7-61　绘制矩形（mm）　　　　　图 7-62　偏移矩形

7）调用"HATCH/H"命令，在矩形内填充"AR-RROF"图案，填充效果如图7-63 所示。

8）调用"OFFSET/O"命令，绘制辅助线，如图 7-64 所示。

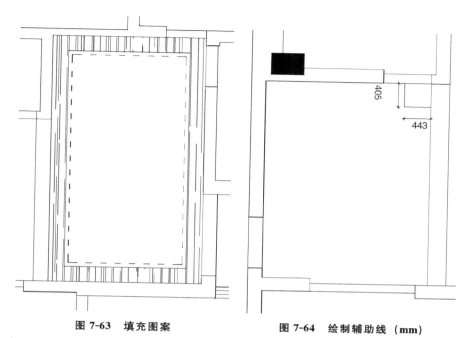

图 7-63　填充图案　　　　　　　　图 7-64　绘制辅助线（mm）

9）调用"RECTANG/REC"命令，以辅助线的交点为矩形的第一个角点，绘制矩形，然后删除辅助线，如图 7-65 所示。

10）调用"OFFSET/O"命令，将矩形向内偏移 150 mm 和 50 mm，如图 7-66 所示。

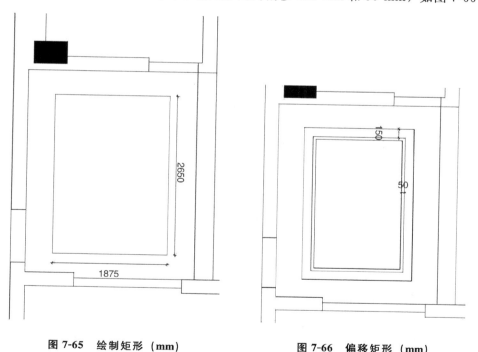

图 7-65　绘制矩形（mm）　　　　　　图 7-66　偏移矩形（mm）

11）调用"LINE/L"命令，绘制线段，如图 7-67 所示。

12）调用"HATCH/H"命令，在矩形内填充"AR-RROOF"图案，填充效果如图7-68所示。

13）绘制水晶帘，调用"CIRCLE/C"命令，在如图7-69所示位置绘制半径为6 mm的圆。

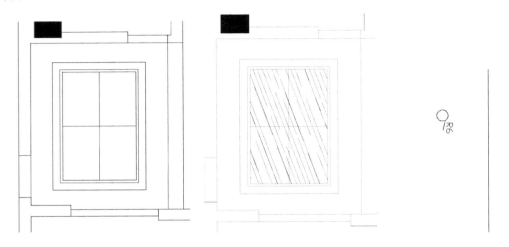

图 7-67　绘制线段　　　　　图 7-68　填充图案　　　　图 7-69　绘制圆（mm）

14）调用"ARRAY/AR"命令，对圆进行阵列，如图7-70所示。

15）继续调用"COPY/CO"命令，将圆图形复制到矩形的下方，如图7-71所示。

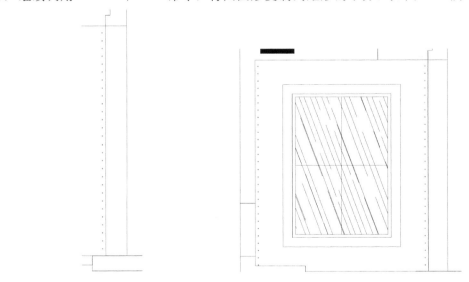

图 7-70　阵列圆　　　　　　　　　图 7-71　复制圆

16）用同样的方法绘制两侧的水晶帘图形，如图7-72所示。

17）调用"LINE/L"命令和"OFFSET/O"命令，绘制其他顶棚造型，如图7-73所示。

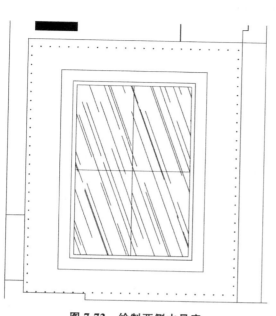

图 7-72　绘制两侧水晶帘

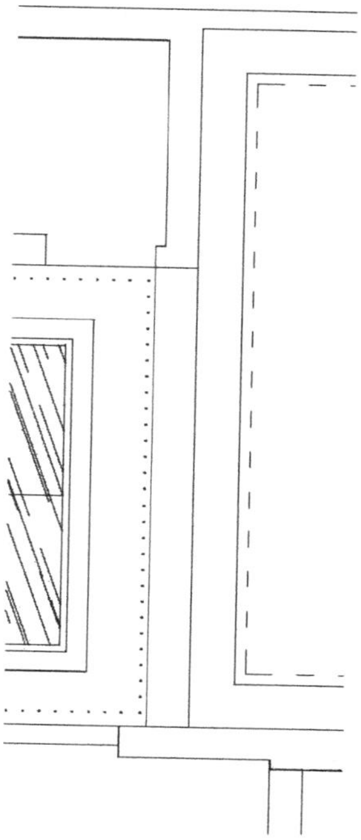

图 7-73　绘制其他顶棚造型

18）布置灯具，打开相应的文件，将该文件中绘制的图例表复制到顶棚图中，如图 7-74 所示，灯具图例表具体绘制方法这里就不详细讲解了。

19）绘制筒灯，首先绘制辅助线确定筒灯位置，调用"OFFSET/O"命令，偏移线段得到辅助线，辅助线的交点即筒灯位置，如图 7-75 所示。

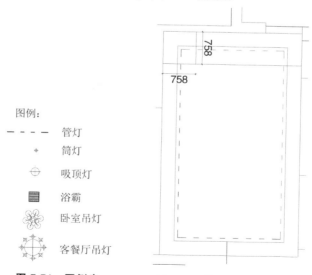

图例：

- - - - 管灯

+　筒灯

⊕　吸顶灯

▦　浴霸

🌸　卧室吊灯

✳　客餐厅吊灯

图 7-74　图例表

图 7-75　绘制辅助线（mm）

20）复制筒灯图形。调用"COPY/CO"命令，将筒灯图形复制到筒灯位置，然后删除辅助线，如图 7-76 所示。

21）调用"ARRAY/AR"命令，对筒灯图形进行阵列，如图 7-77 所示。

22）绘制客厅吊灯。为了将客厅吊灯置于客厅矩形区域的中心，需要绘制一条辅助线。调用"LINE/L"命令，绘制客厅吊灯所在矩形区域的对角线，如图 7-78 所示。

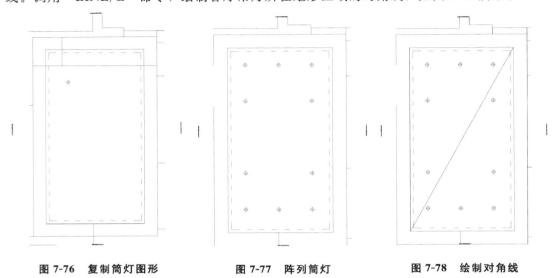

图 7-76　复制筒灯图形　　　　　图 7-77　阵列筒灯　　　　　图 7-78　绘制对角线

23）调用"COPY/CO"命令，复制吊灯图形到客厅吊灯位置，吊灯中心点与辅助线的中点对齐，如图 7-79 所示，再删除辅助线。

24）使用同样的方法，从图例表中复制灯具图形，并根据设计要求放置到客厅和餐厅顶棚适当位置，结果如图 7-80 所示。

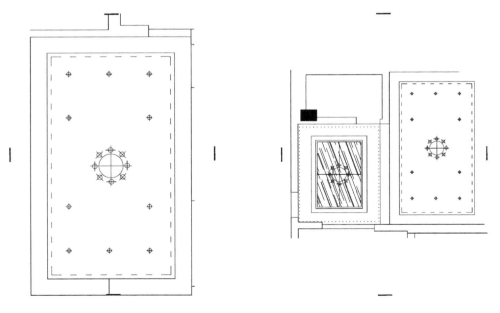

图 7-79　复制吊灯图形　　　　　　　图 7-80　布置灯具图形

25）插入图块，从图库中插入雕花图案到餐厅顶位置，如图 7-81 所示。

26）插入标高，调用"INSERT/I"命令，插入标高图块，如图 7-82 所示。

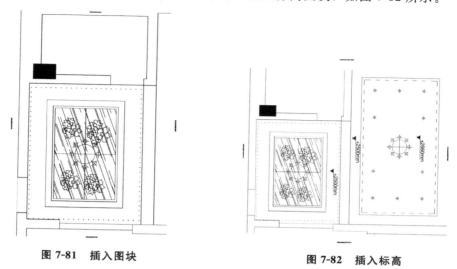

图 7-81　插入图块　　　　　　　　　图 7-82　插入标高

27）标注尺寸和文字标注，设置"BZ＿标注"图层为当前图层，设置当前注释比例为1∶100。

28）调用"MLEADER/MLD"命令和"MTEXT/MT"命令，标注顶棚材料说明，完成后的效果如图 7-83 所示。

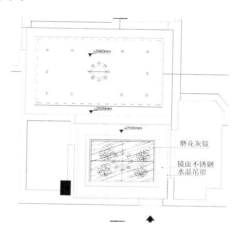

图 7-83　客厅和餐厅顶棚图（mm）

7.6.2　绘制主卧顶棚图

绘制主卧顶棚图的操作步骤如下：

1）绘制顶棚造型，调用"LINE/L"命令，绘制线段，并将线段向右偏移 80 mm，将偏移 80 mm 后的线段设置为虚线，如图 7-84 所示。

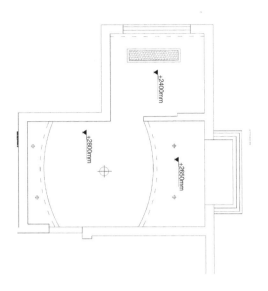

图 7-84 绘制线段（mm）

2）调用"OFFSET/O"命令，绘制辅助线，调用"RECTANG/REC"命令，以辅助线的交点为矩形的第一个角点，绘制尺寸为 360 mm×1 400 mm 的矩形，然后删除辅助线，如图 7-85 所示。

3）调用"OFFSET/O"命令，将矩形向内偏移 50 mm，如图 7-86 所示。

4）调用"HATCH/H"命令，在矩形内填充图案，填充效果如图 7-87 所示。

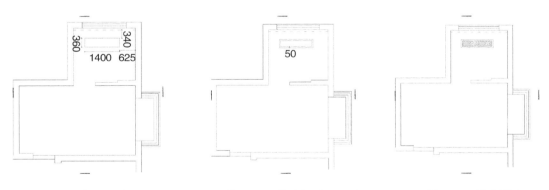

图 7-85 绘制矩形（mm）　　　　图 7-86 偏移矩形（mm）　　　　图 7-87 填充图案

5）调用"OFFSET/O"命令，绘制辅助线，如图 7-88 所示。

6）调用"CIRCLE/C"命令，以辅助线的交点为圆心绘制半径为 3 390 mm 的圆，然后删除辅助线，如图 7-89 所示。

7）调用"OFFSET/O"命令，将圆向外偏移 100 mm，如图 7-90 所示。

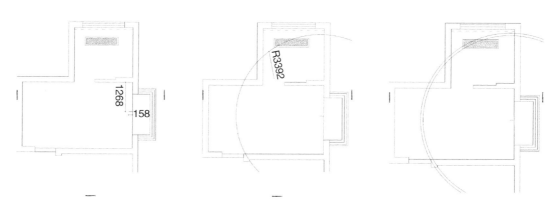

图 7-88 绘制辅助线（mm）   图 7-89 绘制圆（mm）   图 7-90 偏移圆

8）调用"TRIM/TR"命令，对圆进行修剪，再将外侧的圆弧设置为虚线，如图7-91所示。

9）使用同样的方法，绘制下方同样类型的圆弧，效果如图 7-92 所示。

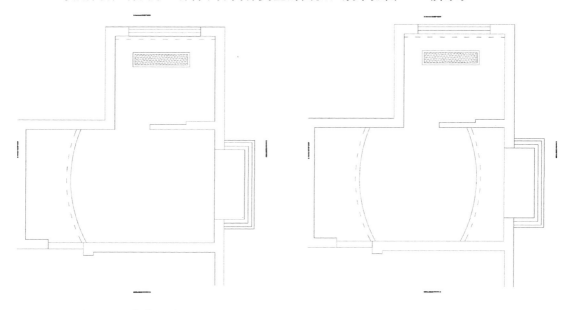

图 7-91 修剪圆弧   图 7-92 绘制顶弧

10）布置灯具。调用"COPY/CO"命令，从灯具图例表中复制灯具图形到顶棚图中，如图 7-93 所示。

11）标注尺寸和文字说明。标注尺寸和文字说明的方法与客厅、餐厅顶棚图相同，如图 7-94 所示。

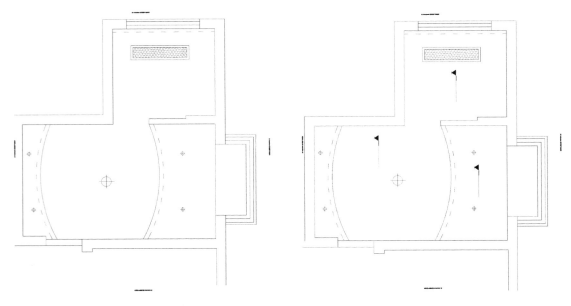

图 7-93　复制灯具图形　　　　　　　　　　图 7-94　插入标注尺寸

第8章
办公室室内设计及施工图绘制

内容简介:

　　本章以某建筑设计事物所办公室室内设计为例,进一步讲解 AutoCAD 2018在公装室内设计中的应用,同时也让读者对不同建筑类型的室内设计有更多的了解。

　　本章所绘制的室内设计图有办公室建筑平面图、平面布置图、顶面布置图、立面图及详图。

内容要点:

　　办公空间室内设计概述

　　办公空间绘制

办公室是为处理一种特定事务的地方或提供服务的地方，而办公室室内设计则能恰到好处地突出公司、企业文化，同时办公室的装修风格也能彰显出其使用者的性格特征。

8.1 办公空间室内设计概述

办公空间室内设计的最大目标就是要为工作人员创造一个舒适、方便、卫生、安全、高效的工作环境，以便更大限度地提高员工的工作效率。

8.1.1 办公空间设计内容

现代办公空间一般由接待区、会议室、总经理办公室、财务室、员工办公区、机房、贮藏室、茶水间等部分组成。办公空间设计主要包括以下内容。

1. 布局

办公空间布局要根据办公机构设置与人员配备的情况来合理划分、布置办公室区域。一般要把接待室、会议室、秘书办公室等安排在靠近决策层人员办公室的位置。如果需要单独设置一间总经理办公室，一般安排在平面结构最深处，目的就是创造一个安静、安全、少受打扰的环境。

对于一般管理人员和行政人员，许多现代化的企业常要用大办公室、集中办公的方式。

其优点是可以增加沟通、节省空间、便于监督、提高效率，缺点是相互干扰较大。解决方法有两种：一是按部门或小部门分区，同一部门的人员一般集中在一个区域；二是采用低隔断，高度控制在 1.2～1.5 m，为的是给每一名员工创造相对封闭和独立的工作空间，减少相互间的干扰。在布局时应设置专门的接待区和休息区，不致于因为一位客户的来访而影响其他人工作。

2. 通风采光

办公室通风采光设计应使天然采光和自然通风、自然采光相结合，以改善室内空间与自然的隔离状况。

3. 色调

办公室色调要干净明亮，明快的装饰色调可给人一种愉快心情和洁净之感，同时，明快的色调也可在白天增加室内的采光度。

4. 人流路线

在办公设计中必须要注意人流路线。由于办公空间地位的特殊性，必须注意不能让通过空间的路线太少，也不要让这些路线被其他墙或布置所阻隔，也就是说，这些路线必须是可视的、尽量直接的。可以让办公空间成为整个空间的中心，让周边房间的正面朝向办公空间，以便人流来往。

8.1.2　办公空间设计要点

办公空间设计需要考虑多方面的问题，涉及科学、技术、人文、艺术等诸多因素，应以人为本，以创造一个舒适、方便、卫生、安全、高效的工作环境为目标。其中舒适涉及建筑声学、建筑光学、建筑热工学、环境心理学、人类工效学等方面的学科；方便涉及功能流线分析、人类工效学等方面的内容；卫生涉及绿色材料、卫生学、给排水工程等方面的内容；安全问题则涉及建筑防灾、装饰构造等方面的内容。

办公空间的装饰设计要突出现代、高效、简洁的特点，同时从整体的风格设计、布局和装饰细节上体现出公司独特的文化。

办公空间的设计，还必须注意平面空间的实用效率，对平面空间的使用应该有一定的预想，以发展的眼光来看待商务办公功能、规模的变化。在装修过程中，尽量对空间采取灵活的分割，对柱的位置、柱外空间要有明确的认识和使用目的。重视个人环境，兼顾集体空间，借以活跃人们的思维，提高办公效率。

办公室的布局、通风、采光、人流线路、色调等的设计适当与否，对工作人员的精神状态及工作效率影响很大。

8.2　办公空间绘制

1. 调用样板新建文件

本书前面创建了室内装潢施工图样板，该样板已经设置了相应的图形单位、样式、层和图块等，建筑平面图可以直接在此样板的基础上进行绘制。

1）执行"文件"→"新建"命令，打开"选择样板"对话框。

2）选择"室内装潢施工图模板"，如图 8-1 所示。

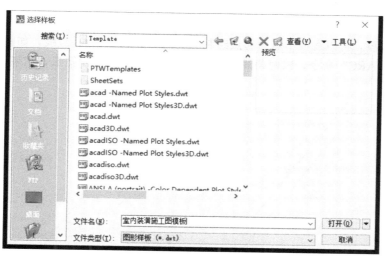

图 8-1　"选择样板"对话框

3）单击"打开"按钮，以样板创建图形，新图形中包含了样板中创建的图层、样式和图块等内容。

4）选择"文件"→"保存"命令，打开"图形另存为"对话框，在"文件名"文本框中输入文件名，单击"保存"按钮保存图形。

2. 绘制办公室建筑平面图

室内设计必需的建筑平面图通常需要直接绘制，当然也可以从建筑师那里获得相应的电子文档，再根据室内制图的要求对其作适当的修改、调整即可。本例所选取的某建筑设计事物所办公室建筑平面图如图 8-2 所示，其尺寸是由现场测量而得的。该平面图成弧形，绘制之前需要分析弧线的圆心位置、半径、弧度分割的大小以及径向划分的尺寸等参数，难度相对比较大。下面简单介绍它的绘制方法。

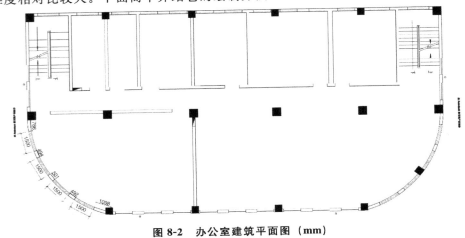

图 8-2   办公室建筑平面图（mm）

3. 绘制平面图

下面简单介绍图 8-2 所示办公室建筑平面图的绘制方法。

1）从现场测量得到最大的弧形墙体弦长为 8 433 mm，调用"LINE"命令，绘制长度为 8 433 mm 的线段，再以线段中点为起点绘制长度为 1 373 mm 的垂直线，如图 8-3 所示。

2）调用"ARC"命令，以两条线段的端点为圆弧上的点绘制圆弧，结果如图 8-4 所示。

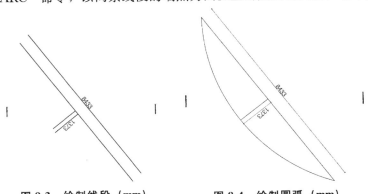

图 8-3   绘制线段（mm）   **图 8-4   绘制圆弧（mm）**

3）根据弧形墙体径向划分的尺寸偏移弧线，得到其他墙体轴线，结果如图 8-5 所示。

4）调用"OFFSET/O"命令，将弧线向下偏移 240 mm（1/2 墙厚），得到墙体轴线，如图 8-6 所示。

5）调用"LINE/L"命令绘制线段，如图 8-7 所示。

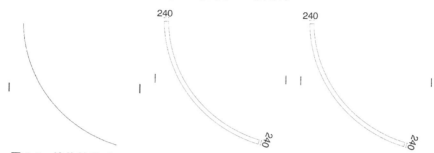

图 8-5 墙体轴线（mm） **图 8-6 偏移弧线（mm）** **图 8-7 绘制线段（mm）**

6）调用"LINE/L"命令绘制线段，调用"OFFSET/O"偏移命令，偏移 240 mm，偏移 4 条线段，绘制窗，如图 8-8 所示。

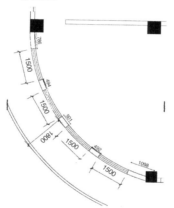

图 8-8 绘制窗（mm）

7）使用同样方法，根据现场测量尺寸，绘制原始外墙图，如图 8-9 所示。

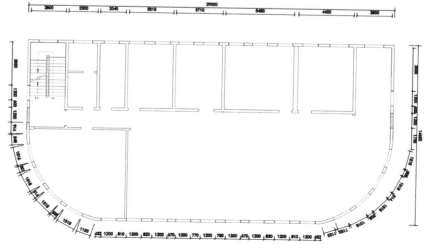

图 8-9 外墙尺寸（mm）

8）使用"LINE/L"命令和"PLINE/PL"命令，根据测量现场尺寸，绘制原始内墙图，注意偏移尺寸，如图 8-10 所示。

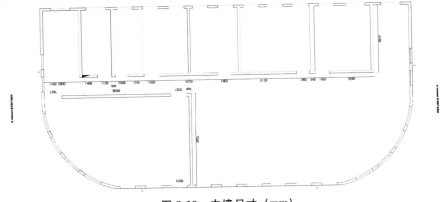

图 8-10　内墙尺寸（mm）

9）使用"PLINE/PL"命令绘制 600 mm×600 mm 正方形，并使用"HATCH/H"填充命令，填充设置黑色，绘制墙体柱子，移动到相应位置，如图 8-11 所示。

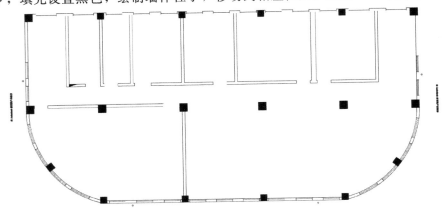

图 8-11　墙体柱子示意图

10）调用"INSERT/I"命令，调用楼梯图样，并移动到相应位置，如图 8-12 所示。

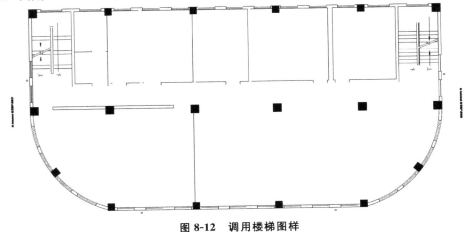

图 8-12　调用楼梯图样

11）设置图层"梁柱"线性调用红色，并设置线段为虚线，绘制平面图梁，并标注房间高度，如图 8-13 所示。

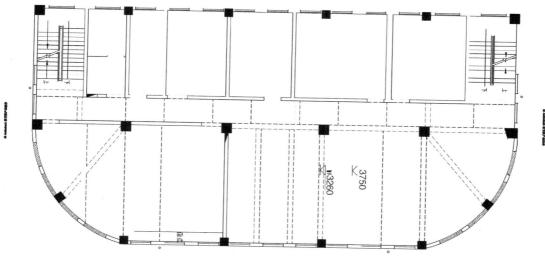

图 8-13　绘制房间梁（mm）

4. 绘制墙体拆改图

绘制墙体拆改图的操作步骤如下：

1）调用"RECTANG/REC"命令绘制矩形，调用"HATCH/H"命令选择填充图案，加以注释说明。

2）选择墙体所需要的位置填充，需要与注释图案相同，如图 8-14 所示。

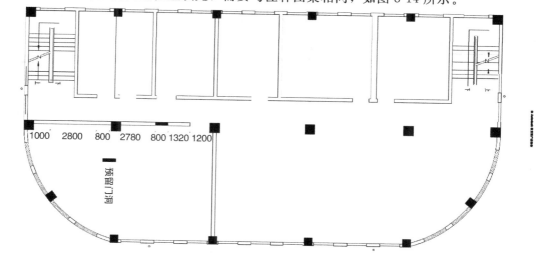

图 8-14　墙体拆改示意图（mm）

5. 绘制墙体新建图

绘制墙体新建图的操作步骤如下：

1）调用"RECTANG/REC"命令绘制矩形，调用"HATCH/H"命令选择填充图案，加以注释说明。

2）选择所墙体所需要的位置填充，需要与注释图案相同，如图 8-15 所示。

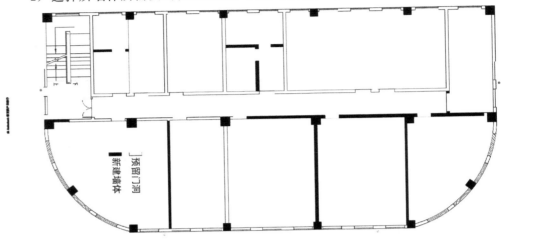

图 8-15   绘制墙体新建图

6. 绘制平面简易门

调用"LINE/L"命令在门洞所在位置，绘制直线，调用"RECTANG/REC"命令绘制 20 mm×800 mm 的矩形，移动到直线所在位置，调用"ARC/A"命令绘制圆弧，完成绘制平面简易门，如图 8-16 所示。

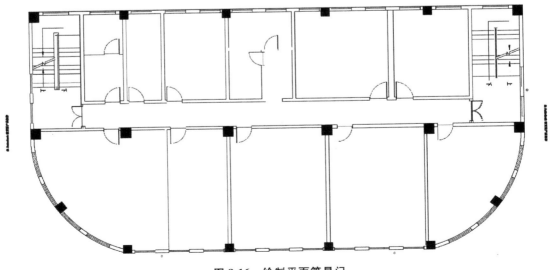

图 8-16   绘制平面简易门

7. 空间局部标注

调用"ST"命令，设置字体比例，标注空间区域，如图 8-17 所示。

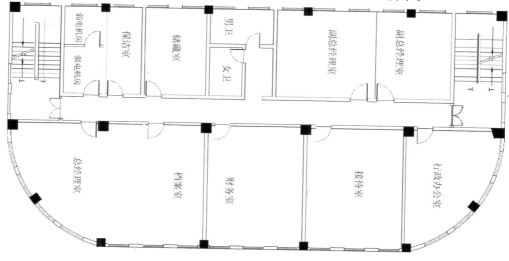

图 8-17　空间局部标注

8. 绘制地面铺装

绘制地面铺装的操作步骤如下：

1）调用"HATCH／H"填充命令，设置用户定义，即 400 mm×400 mm 双向线条，填充卫生间，如图 8-18 所示。

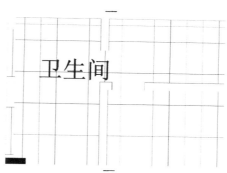

图 8-18　卫生间地面铺装

2）继续调用"HATCH／H"命令填充图形"HONEY"，并标注地毯，填充所需要空间，如图 8-19 所示。

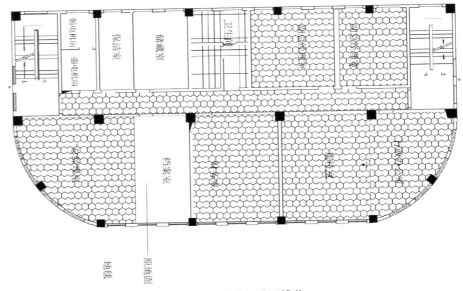

图 8-19　办公室地面铺装

9. 绘制吊顶

绘制吊顶的操作步骤如下：

1）调用"INSERT/I"命令，插入灯具图形，如图 8-20 所示。

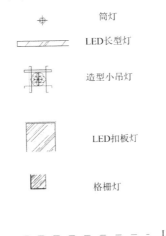

筒灯

LED长型灯

造型小吊灯

LED扣板灯

格栅灯

————————————— LED灯带

图 8-20　插入灯具图

2）调用"HATCH/H"命令选择用户定义，设置 600 mm×600 mm 线条，绘制铝扣板，如图 8-21 所示。

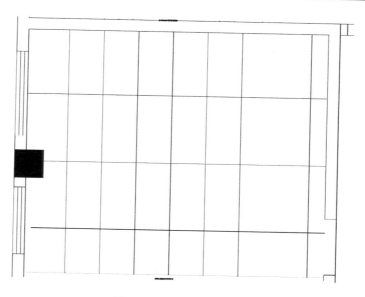

图 8-21　绘制铝扣板

3）调用"COPY/CO"命令，复制灯具，如图 8-22 所示。

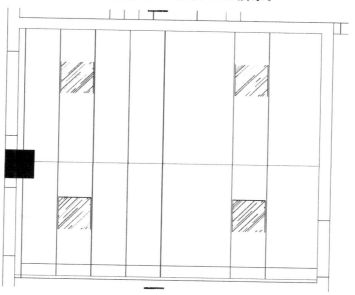

图 8-22　复制灯具

4）调用"RECTANG/REC"命令，绘制接待室石膏板造型吊顶。绘制同房间大小矩形，分别向里偏移 750 mm，50 mm，600 mm，50 mm，如图 8-23 所示。

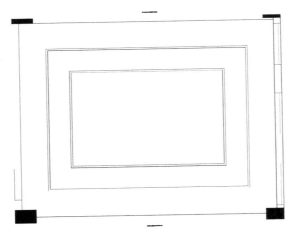

图 8-23　绘制石膏板吊顶

5）调用"FILLET/F"命令，设置 R 圆角 700 mm，如图 8-24 所示。

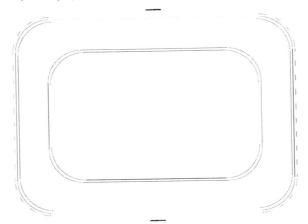

图 8-24　绘制石膏板吊顶

6）调用"COPY/CO"命令，复制图例中筒灯，如图 8-25 所示。

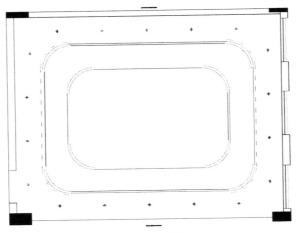

图 8-25　复制筒灯

7）调用"LE"命令设置字体比例，绘制吊顶标注，如图 8-26 所示。

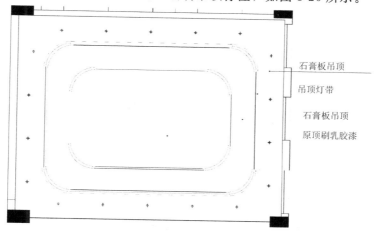

石膏板吊顶

吊顶灯带

石膏板吊顶

原顶刷乳胶漆

图 8-26　标注吊顶

8）调用"HATCH/H""COPY/CO""RECTANG/REC""OFFSET/O"命令，完成绘制其他区域吊顶，如图 8-27 所示。

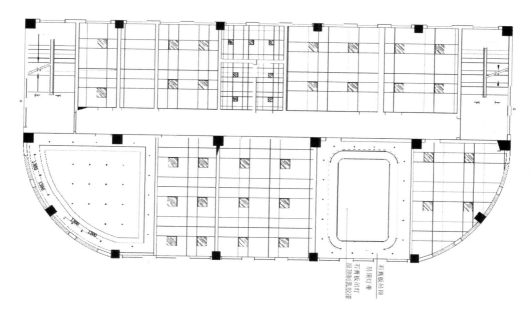

图 8-27　绘制顶面布置图（mm）

197

参 考 文 献

[1] 陈志民．室内装潢实例教程［M］.北京：机械工业出版社，2011.

[2] 胡仁喜．AutoCAD 室内装潢设计案例指导自学手册［M］.南京：江苏科学技术出版社，2013.

[3] 柏松，刘旭东．新手学 AutoCAD 室内装潢设计经典案列完全精通［M］.上海：上海科学普及出版社，2014.

[4] 潘筑华，陶晓晨．AutoCAD 室内设计运用［M］.北京：经济管理出版社，2014.

[5] 徐丽，黄刚．AutoCAD 室内设计技能速训［M］.北京：化学工业出版社，2012.

[6] 王芳．AutoCAD 2018 室内装饰设计实例教程［M］.北京：北京交通大学出版社，2018.

[7] 贾燕．全新正版详解 AutoCAD 2018 室内设计［M］.北京：电子工业出版社，2018.

[8] 王晓婷，田帅．AutoCAD 2016 室内设计经典课堂［M］.北京：清华大学出版社，2018.

[9] 天工在线．AutoCAD 2018 室内装潢设计［M］.北京：水利水电出版社，2017.

[10] 张亭，秦志霞．AutoCAD 2016 中文版室内装潢设计［M］.北京：人民邮电出版社，2017.

[11] 徐海峰，胡洁，刘重桂．中文版 AutoCAD 2016 室内装潢设计案例教程［M］.镇江：江苏大学出版社，2017.

[12] 贾雪艳，朱爱华．AutoCAD 2016 中文版从入门到精通［M］.北京：人民邮电出版社，2016.